《量子计算和量子信息(一)
——量子计算部分》

阅读辅导及习题解析(3)

陈汉武　编著

·南京·

内容提要

量子傅里叶变换及其应用课题涉及数学、物理学和计算机科学等多学科，是多学科综合性交叉研究的新兴领域。

本书以量子傅里叶变换为基点，对照经典傅里叶变换之思维和方法讲解量子傅里叶的解析思想，以及量子傅里叶变换算法的构建与量子可逆线路的描述。书中解析了量子傅里叶变换在"相位估计"中的一般算法过程，在求阶和因子问题中的应用，在求周期和离散对数问题中的应用。本书还介绍了量子搜索算法及其在量子计数中的应用。

本书内容深入浅出，层次分明，例题与练习丰富，它可以作为对量子计算及其应用有浓厚兴趣的读者了解该领域的入门读物，亦可以作为信息与计算科学、应用数学、通信工程等专业本科生或硕士研究生或博士研究生的教材，或作为大学高年级学生和研究生自学读本，对相关领域的研究人员也会有很大的参考价值。

图书在版编目（CIP）数据

《量子计算和量子信息（一）——量子计算部分》阅读辅导及习题解析. 3/陈汉武编著. —南京：东南大学出版社, 2023.12
　　ISBN 978-7-5766-0946-2

Ⅰ. ①量… Ⅱ. ①陈… Ⅲ. ①量子力学—信息技术
Ⅳ. ①TP387 ②O413.1

中国国家版本馆 CIP 数据核字（2023）第 210077 号

责任编辑：姜晓乐　　责任校对：韩小亮　　封面设计：王玥　　责任印制：周荣虎

《量子计算和量子信息（一）——量子计算部分》阅读辅导及习题解析（3）
《Liangzi Jisuan he Liangzi Xinxi(Yi) — Liangzi Jisuan Bufen》Yuedu Fudao ji Xiti Jiexi(3)

编　著	陈汉武
出版发行	东南大学出版社
出 版 人	白云飞
社　　址	南京市四牌楼 2 号
邮　　编	210096
经　销	全国各地新华书店
印　刷	广东虎彩云印刷有限公司
开　本	700 mm×1000 mm　1/16
印　张	8.75
字　数	121 千字
版　次	2023 年 12 月第 1 版
印　次	2023 年 12 月第 1 次印刷
书　号	ISBN 978-7-5766-0946-2
定　价	45.00 元

（本社图书若有印装质量问题，请直接与营销部联系。电话（传真）：025-83791830）

前　言

Quantum Computation and Quantum Information 自 2000 年出版以来一直都是国际上公认的量子信息科学领域最经典的教材之一,2003 年高等教育出版社出版了该书的影印版,2004 年清华大学出版社出版了该书的翻译版。翻译版按照内容分为上下两本:《量子计算与量子信息(一)——量子计算部分》(赵千川译)和《量子计算与量子信息(二)——量子信息部分》(郑大钟,赵千川合译)。译者赵千川教授在"译者序"中写道:国外不少大学已开设了相关课程,译者 2000 年访问美国 Carnegie Mellon 大学,该校已在其计算机系和物理系的研究生中开设了量子计算机课程,所采用的教材正是剑桥大学出版社出版的 Michael A. Nielsen 和 Isaac L. Chuang 的英文版原著 *Quantum Computation and Quantum Information*。并指出:掌握量子计算能力的制高点已成为关系信息安全的重要课题。目前国内已有大学在信息学、物理学、数学和计算机科学学科的研究生课程里开设了量子计算与量子信息选修课程。教育部公布的《2022 年度普通高等学校本科专业备案和审批结果》(教高函〔2023〕3 号)中指出,继中国科学技术大学、长江大学之后,北京理工大学、安徽大学、西南大学、湖北大学、郑州轻工业大学新增"量子信息科学"专业,反映出我国从国家层面在高教领域学科布局的新动向。

我组建的量子计算与量子信息研究室自 2006 年开始在东南大学校内率先开设了"量子计算"的研究生研讨课程,不仅本研究室每年入学的新生

参加学习讨论,课程还吸引了本校其他学科的研究生以及外校计算机专业的研究生前来学习。在教学互动或在科研论文撰写的过程中,我发现有些学生对量子计算的概念存在一些认知上的不足,在问题解析上使用代数方法存在短板,特别是对《量子计算与量子信息(一)——量子计算部分》一书中第四章、第五章和第六章相关内容的阅读理解和练习求解上比较明显。如此现象大致可归纳为,学生们在课程学习的过程中并没有真正地把书读清楚,或是只读书不做练习,没有认真下功夫。

其实量子计算的数学基础主要是线性代数的基础知识,包括一些概率论的基础知识和量子力学相关的基础知识。因此在教材研读理解的过程中,一是要求学生掌握如何运用这些数学方式来表达量子比特的状态,以便可以直观地理解量子态的行为;二是让学生熟练掌握线性算子相关理论以及矩阵向量乘法的相关技巧。只要认真读书养成新的思维习惯,"量子态"表象中的任何演绎过程和结果都能够用线性代数的方法推演或刻画出来。

针对当前已出现的量子计算与量子信息的学习和研究热潮,我研究室已陆续出版了剑桥大学出版社 Michael A. Nielsen 和 Isaac L. Chuang 合著的英文版原著 *Quantum Computation and Quantum Information* 的第一章和第二章的全部习题求解和问题解析;以及第三章和第四章的全部习题求解和问题解析,此次题解给出第五章和第六章的习题求解和问题解析。

特别说明:

1. 习题解的结果是确定的,但解的方法可能不是唯一的,所以对于每一道习题来说,本书给出的题解不一定是最好的或是最简单的。

2. 由于本人水平的原因,题解中可能存在瑕疵甚至错误(谬误),期待读者在学习和验证的过程中批评指正书中的错误和瑕疵,我们共同完善原著 *Quantum Computation and Quantum Information* 的学习参考材料。

3. 题解第一章有1道习题和2个问题,第二章有81道习题和3个问题。题解第三章有32道习题和10个问题,第四章有51道习题和6个问题。题解第五章有29道习题和6个问题,第六章有20道习题和4个问题。

回顾我们学习的历程和收获

2000年,剑桥大学出版社出版了 *Quantum Computation and Quantum Information* 英文版原著,2003年高等教育出版社出版了该著作的影印版。我于2003年11月获得高等教育出版社赠送的原著影印版,2005年组建量子计算与量子信息研究室,同时购买了清华大学出版社的翻译版教材,2006年3月开始在研究室每周一次的读书讨论班上,与最初的博士和硕士研究生们开始了第一轮的泛读。泛读的目的是了解全书的相关内容和理论,同时研读当时发表在各类期刊或会议上的有关量子计算和量子信息的论文,较为深入地讨论部分相关章节内容。通过这样的泛读和讨论,学生们大致有了量子计算和量子信息相关理论的基本概念,收获颇丰。记得当时的研究生们每周都期待着读书讨论班的学习和交流,人多热情高,真是难忘的景象。

通过一轮的教材泛读,研究生们对量子计算与量子信息教材内容的全貌有了宏观的了解,此时基本具备了发现问题或遇到困惑时可随手打开相关章节认真研读寻求答案的能力。于是结合对相关有影响力的期刊或会议论文的泛读和精读,研究生们就能够遴选出自己感兴趣的课题,最初选择的研究课题包括:量子线路综合、量子通信协议、量子容错计算。此后研究生们更加关注相关章节内容的精读。通过反复研读教材和解题练习,学生们关于量子计算的感觉和理论知识不断增多,自信也不断增强。一批一批的研究生们,就这样通过阅读经典书籍、做练习、读论文、再现论文的推导过程和结论的相关解析,他们已分别在量子线路综合、量子通信协议、量子容错计算、量子图像处理等领域做出了一些成绩,在包括 IEEE Transactions on Information Theory,IEEE Communications Letters,Quantum Information Processing,Quantum Information and Computation,Chinese Physics Letters,Chinese Physics B,Science China:Information Sicences,International Journal of Theoretical Physics,International Journal of Quantum Information,《计算机学报》《软件学报》《计算机研究与发展》《电子学报》和《通信学报》等期刊上已累计发表论文 148 篇,其中 SCI 收录 68 篇、EI 收录 87 篇,SCI 表现不俗 15 篇。

还有一点感觉与感兴趣的读者分享

现在回顾起来,我们最初关于量子计算与量子信息的知识积累可以这样叙述:

最初在泛读 Quantum Computation and Quantum Information 教材时,学生们都是"半路出家",没有任何量子计算的基本概念和科普知识,因此阅读时,关于量子计算与量子信息的认知如同看不见树干和树枝,满眼尽是离散且摇晃的树叶(知识点),时常感觉知识信息如阴影婆娑飘忽不定。一轮泛读后,虽然能够用搬来的理论与方法解决一些问题,但心里依然时常感觉不那么踏实,因此我们开始了第二轮读书。

第二轮读书的指导思想是:把书读清楚。我们开始一边读书,一边做每一道练习并解读书中的每一个小贴士(盒子),随着持续的学习和反复的阅读,知识的积累、讨论的深入和不断的思考,开始感觉到我们的思维中慢慢生长出了"量子计算与量子信息"知识体系的树干和树枝,把那些看似离散晃动的树叶嫁接了起来、稳定了下来,初步形成了较为完整的知识体系,遇到问题时提出的解决方案就不再是就事论事,而是可以站得高一点,从较为完整的体系看待或讨论一个局部的问题。如此一来,学生们论述问题的逻辑就会更加清晰一些,论据的可信度就会增高一些,论文的写作就会快一些,投稿命中的概率自然就大了一些,学习也就有了收获的感觉。

学生们回顾这样的研究学习过程,认识到进入一个新的领域,我们某些知识的积累或认知体系的形成往往也需要经历这样的过程,先有离散的知识点,然后慢慢串联起来形成一个完整的知识体系。特别是进入研究生的学习阶段,新兴的研究领域,其知识的积累过程似乎大致如此,不同于中小学和高中阶段多数是连续的、被动学习的知识积累的过程,那个时间段大多数情况下的知识积累可以用分形几何画出一颗大树的过程来描述,通过一个基于递归的反馈系统,将最初的一片树叶画出一棵大树,随着树叶的经络演绎出树干和树枝,每一片树叶(知识点)都紧紧地生长在不同的树枝上,整个知识点的学习都与相关知识体系相关。这便是孩提时代知识积累的普遍过程,而研究生或成人的知识积累过程更像我们学习量子计算与量子信息的过程,这也是研究生们通过学习获得的收获。

在博士生的读书和练习训练中,其中的好学生阅读论文的速度会有明显的提高,抓住问题的要点、论点论述的代数解析也有明显的提高,撰写论文的速度也有明显的提高,不但如此,练习好的、基本功扎实的学生还能够在阅读知名期刊论文时发现关键点的错误。实际上,以学生为第一作者发表的多篇 SCI 表现不俗的论文,其内容大多是与那些期刊论文的作者商榷有关结论的问题,非常迅速地指出错误并给出我们的结论。此类论文,估计是因为题目引人关注,内容简短,结论严谨,所以引用率会高一些,如此得来 SCI 表现不俗。

后记

写给讨论班的每一位同学,这是我们大家共同的记忆,虽然我们都很平凡、业绩也不辉煌,但那一份能够坐在一起的缘分,那一段共同学习、共同讨论、共同演算和相互"批判"的时光,陪伴着你们度过了青春中最美好的时光,也给我留下了一份弥足珍贵的记忆。

此书出版之际我要感谢每一位曾经参加过讨论班的学生。

目 录

第 5 章　量子 Fourier 变换及其应用的阅读辅导与习题练习 …………… 1
- 5.1　量子 Fourier 变换 …………………………………………………… 3
- 5.2　相位估计 …………………………………………………………… 19
- 5.3　应用：求阶和因子问题 …………………………………………… 28
  - 5.3.1　应用：求阶 ………………………………………………… 31
  - 5.3.2　应用：因子分解 …………………………………………… 43
- 5.4　量子 Fourier 变换的一般应用 …………………………………… 48
  - 5.4.1　求周期问题 ………………………………………………… 48
  - 5.4.2　离散对数问题 ……………………………………………… 51

第 6 章　量子搜索算法的阅读辅导与习题练习 …………………………… 66
- 6.1　量子搜索算法 ……………………………………………………… 67
  - 6.1.3　几何可视化 ………………………………………………… 72
  - 6.1.4　性能 ………………………………………………………… 83
- 6.2　作为量子仿真的量子搜索 ………………………………………… 90
- 6.3　量子计数 …………………………………………………………… 112
- 6.6　搜索算法的最优性 ………………………………………………… 117
- 6.7　黑箱算法的极限 …………………………………………………… 124

第 5 章 量子 Fourier 变换及其应用的阅读辅导与习题练习

计算机编程是一种艺术形式，正如诗歌和音乐的创作。

——唐纳德·克努斯

一个好的想法具有这么一种力量，用与问题本意不同的方式来简化和解决问题。

——罗伯特·塔里扬

本章的五个重点：

1. 当 $N = 2^n$ 时，量子 Fourier 变换

$$|j\rangle = |j_1, j_2, \cdots, j_n\rangle \to \frac{1}{\sqrt{N}} \sum_{k=0}^{N-1} e^{2\pi i \frac{jk}{N}} |k\rangle$$

可以写成形式

$$|j\rangle \to \frac{1}{2^{n/2}} (|0\rangle + e^{2\pi i 0.j_n} |1\rangle)(|0\rangle + e^{2\pi i 0.j_{n-1}j_n} |1\rangle) \cdots$$
$$(|0\rangle + e^{2\pi i 0.j_1 j_2 \cdots j_n} |1\rangle)$$

且可用 $\Theta(n^2)$ 个门实现。

2. 相位估计：设 $|u\rangle$ 是算子 U 的本征态，其对应特征值为 $e^{2\pi i \varphi}$。从初始态 $|0\rangle^{\otimes t} |u\rangle$ 开始，并且给定对整数 k 能有效计算 U^{2^k} 的能力，该算法（如

图 5-7 所示)可用于有效地获得状态 $|\tilde{\varphi}\rangle|u\rangle$,其中 $\tilde{\varphi}$ 以至少 $1-\varepsilon$ 的概率精确到近似 φ 的 $t-\lceil \log(2+\frac{1}{2\varepsilon}) \rceil$ 位比特。

3. 求阶问题:x 模 N 的阶是使得 $x^r \bmod N = 1$ 的最小正整数。用量子相位估计算法,对 L 比特的整数 x 和 N,可以用 $O(L^3)$ 次运算计算该数。

4. 因子问题:L 比特整数 N 的素因子可以通过把此问题归结为求一个与 N 互质的随机数 x 的阶的问题,用 $O(L^3)$ 次运算确定。

5. 隐含子群问题:所有已知的快速量子算法都可以描述为求解下述问题:令 f 为从一个有限生成的群 G 到一个有限集 X 的函数,使得 f 在子群 K 的陪集上是常数,并且在每个陪集上不同。给定一个对于 $g \in G$ 和 $h \in X$,执行酉变换的量子黑箱 $U: U|g\rangle|h\rangle = |g\rangle|h \oplus f(g)\rangle$,求 K 的一个生成集。

阅读内容

量子计算中最引人注目的发现是量子计算机可以有效地执行一些在经典计算机上无法实现的任务。例如:求 n 比特整数的质因数分解,即使使用已知的所谓数域筛(field sieve)的最佳经典算法也需要 $\exp(\Theta(n^{1/3} \log^{2/3} n))$ 次数量级的运算,显然算法对被分解数的求解规模是指数级的,因此整数的质因数分解问题一般被视为在经典计算机上是不可解的问题。与之对照,对应的量子算法可用 $O(n^2 \log n \log \log n)$ 次数量级的运算完成同样的任务,即量子计算机求一个 n 比特整数的质因数分解可指数级地快于已知的最好经典算法。这个结果本身固然很重要,但更令人兴奋的关键是它引出的问题:还有哪些在经典计算机上不可解的问题,可以在量子计算机上有效求解?

量子 Fourier 变换是一种有效的量子算法,是量子质因数分解和许多其他量子算法的关键要素,是进行量子力学幅度 Fourier 变换的有效量子算法。虽然它不会加速计算经典数据 Fourier 变换的演算任务,但是它能够实现一项重要的任务是相位估计,即近似地给出酉算子在某些场合下的特征值,这些结果将有助于求解若干其他有趣的问题,如求阶问题(order-finding problem)、因子问题(factoring problem)等。将相位估计和量子搜索算法结合,可以求解搜索问题的解个数的计数(counting solution)问题;而求解隐含子群的问题(hidden subgroup problem)则是相位估计和求阶问题的推广,该问题的一个特殊情况是离散对数问题(discrete logarithm problem)有有效的量子算法,离散对数问题是另一个被认为在经典计算机上是不可解的问题。

5.1 量子 Fourier 变换

阅读内容

在数学或计算机科学中解决问题的最重要的思维或方法之一是把待解的问题变换为其他解为已知的问题,有些领域这类变换出现得非常频繁,并且用于非常多的不同场合,以致形成了对这些变换自身的研究领域。量子计算的一项伟大发现就是,某些这样的变换在量子计算机上的演算,可以比在经典计算机上快得多,这个发现使我们能针对量子计算机建立快速的算法。

离散 Fourier 变换就是这类的变换之一。按通常的数学记号,离散 Fourier 变换以一个复向量 $x_0, \cdots, x_{N-1}$ 为输入,其中向量的长度 N 是固定常数,输出的数据是如下定义的复向量 $y_0, \cdots, y_{N-1}$:

$$y_k \equiv \frac{1}{\sqrt{N}} \sum_{j=0}^{N-1} x_j e^{2\pi i j k/N} \tag{5.1}$$

虽然量子 Fourier 变换的记号与传统记号有一些不同,但量子 Fourier 变换与离散 Fourier 变换是严格相同的变换。量子 Fourier 变换的定义为:在一组标准正交基 $|0\rangle, \cdots, |N-1\rangle$ 上的一个线性算子,在基态上的作用为:

$$|j\rangle \to \frac{1}{\sqrt{N}} \sum_{k=0}^{N-1} e^{2\pi i j k/N} |k\rangle \tag{5.2}$$

等价地,对任意状态的作用可写作:

$$\sum_{j=0}^{N-1} x_j |j\rangle \rightarrow \sum_{k=0}^{N-1} y_k |k\rangle \tag{5.3}$$

其中幅度 y_k 是幅度 x_j 的离散 Fourier 变换值。虽然从定义上并不能直接看出这是一个酉变换，但它确实是酉的，因此可以看作量子计算机上的动态过程实现。我们将通过构造计算 Fourier 变换的具体酉量子线路来说明 Fourier 变换的酉性，直接证明 Fourier 变换的酉性也很容易。量子 Fourier 变换是酉变换。

练习 5.1 给出式(5.2)定义的线性变换是酉变换的直接证明。

证明：式(5.2)表示量子 Fourier 变换作用在任一基态 $|j\rangle$ 上，是基于一组标准正交基 $|0\rangle,\cdots,|N-1\rangle$ 上的表达式：

$$|j\rangle \rightarrow \frac{1}{\sqrt{N}} \sum_{k=0}^{N-1} e^{2\pi ijk/N} |k\rangle$$

设酉算子为 Q 作用在 $|j\rangle$ 上：

$$Q|j\rangle \equiv \frac{1}{\sqrt{N}} \sum_{k=0}^{N-1} e^{2\pi ijk/N} |k\rangle$$

又 Q 的 Hermite 共轭 $Q^\dagger$ 作用在 $\langle j|$ 上：

$$\langle j|Q^\dagger \equiv \frac{1}{\sqrt{N}} \sum_{k=0}^{N-1} e^{-2\pi ij'k/N} \langle k|$$

因此只要能够证明 $\langle j'|Q^\dagger Q|j\rangle = \delta_{j'j}$ 即可。因为

$$\langle j'|Q^\dagger Q|j\rangle = \left(\frac{1}{\sqrt{N}} \sum_{k=0}^{N-1} e^{-2\pi ij'k/N} \langle k|\right) \left(\frac{1}{\sqrt{N}} \sum_{k=0}^{N-1} e^{2\pi ijk/N} |k\rangle\right)$$

$$= \frac{1}{N} \sum_{k_1=0}^{N-1} \sum_{k_2=0}^{N-1} e^{-2\pi ij'k_1/N} e^{2\pi ijk_2/N} \langle k_1|k_2\rangle$$

$$\xrightarrow{k_1=k_2} \frac{1}{N} \sum_{k=0}^{N-1} e^{2\pi ik(j-j')/N}$$

显然:如果 $j-j'=0$,即 $j=j'$ 时,

$$\langle j'|\mathbf{Q}^{\dagger}\mathbf{Q}|j\rangle = \frac{1}{N}\sum_{k=0}^{N-1} e^{2\pi i k(j-j')/N} = \frac{1}{N}\sum_{k=0}^{N-1} 1 = 1$$

如果 $j-j'\neq 0$,即 $j\neq j'$ 时,

$$\langle j'|\mathbf{Q}^{\dagger}\mathbf{Q}|j\rangle = \frac{1}{N}\sum_{k=0}^{N-1} e^{2\pi i k(j-j')/N} = 0$$

所以,对所有 j 和 j' 满足 $\langle j'|\mathbf{Q}^{\dagger}\mathbf{Q}|j\rangle = \delta_{j'j}$。

因为当 $N\neq 1$ 时,有

$$\sum_{k=0}^{N-1} e^{2\pi i(j-j')k/N} = 0$$

即单位圆上所有满足条件的向量 $x_k = e^{2\pi i(j-j')k/N}$ ($k=0,1,2,\cdots,N-1$) 之和正好在圆心上(如图 5-1 所示)。

显然,向量 $x_k = e^{2\pi i(j-j')k/N}$ ($k=0,1,2,\cdots,N-1$) 在单位圆上,它的模 $\|x_k\|=1$,它在复数域上的解析表示为:

$$x_k = \|x_k\|\left[\cos\frac{2(j-j')k\pi}{N} + i\sin\frac{2(j-j')k\pi}{N}\right] = e^{2(j-j')k\pi i/N}$$

当 $k=0$ 和 $k=N$ 时代入计算 x_0,x_N,

$$x_0 = \cos\frac{2(j-j')0\pi}{N} + i\sin\frac{2(j-j')0\pi}{N}$$

$$x_N = \cos\frac{2(j-j')N\pi}{N} + i\sin\frac{2(j-j')N\pi}{N}$$

显然有 $x_0=x_N$,所以 k 只取到 $N-1$,其中 j 和 j' 取自 $\{0,1,2,\cdots,N-1\}$,显然 $j-j'$ 不可能是 N 的整数倍。

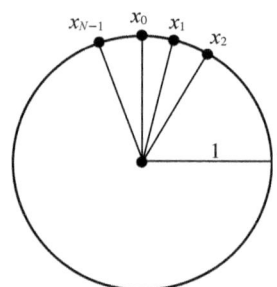

图 5-1 单位圆周上所有点 $x_k = e^{2i\pi k/N}$ 对应的向量之和等于零的示意图

练习 5.2 具体计算 n 量子比特状态 $|00\cdots0\rangle$ 的 Fourier 变换。

解：量子 Fourier 变换是定义在一组标准正交基 $|0\rangle,\cdots,|N-1\rangle$ 上的一个线性算子，在基态上的作用为：

$$|j\rangle \rightarrow \frac{1}{\sqrt{N}}\sum_{k=0}^{N-1} e^{2\pi ijk/N}|k\rangle \xrightarrow{N=2^n} \frac{1}{2^{n/2}}\sum_{k=0}^{2^n-1} e^{2\pi ijk/2^n}|k\rangle$$

当 $n=1$ 时，量子态 $|0\rangle$ 在标准正交基 $|0\rangle,|1\rangle$ 上的 Fourier 变换（注：$j=0$，$n=1$）为：

$$|0\rangle \rightarrow \frac{1}{\sqrt{2}}\sum_{k=0}^{1}|k\rangle = \frac{1}{\sqrt{2}}(|0\rangle+|1\rangle) \equiv |+\rangle$$

计算 n 量子比特状态 $|00\cdots0\rangle$ 的 Fourier 变换时，有以下的计算：

$$|00\cdots0\rangle \equiv |0\rangle|0\rangle\cdots|0\rangle = \bigotimes_{k=1}^{n}|0\rangle \xrightarrow{|0\rangle\text{的Fourier变换}}$$

$$\bigotimes_{k=1}^{n}\frac{1}{\sqrt{2}}(|0\rangle+|1\rangle) = \bigotimes_{k=1}^{n}|+\rangle$$

$$= |+\rangle\otimes|+\rangle\otimes\cdots\otimes|+\rangle = |++\cdots+\rangle$$

所以 n 量子比特状态 $|00\cdots0\rangle$ 的 Fourier 变换后的状态为 $|++\cdots+\rangle$。

阅读内容

取 $N=2^n$，其中 n 是某个整数，并且是基为 $|0\rangle,\cdots,|2^n-1\rangle$ 的 n 量子比特

第5章 量子 Fourier 变换及其应用的阅读辅导与习题练习

的量子计算机的计算基。我们需要把状态 j 写成二进制形式 $j = j_1 j_2 \cdots j_n$，$(j_1, j_2, \cdots, j_n \in \{0, 1\})$，或者准确地写成：

$$j = j_1 2^{n-1} + j_2 2^{n-2} + \cdots + j_n 2^0$$

为方便起见，我们用记号 $0.j_l j_{l+1} \cdots j_m$ 表示二进制分数，即：

$$\frac{j_l}{2} + \frac{j_{l+1}}{4} + \cdots + \frac{j_m}{2^{m-l+1}}$$

通过简单的代数计算，即可给出量子 Fourier 变换的积形式：

$$|j_1 j_2 \cdots j_n\rangle \rightarrow$$

$$\frac{(|0\rangle + e^{2\pi i 0.j_n}|1\rangle)(|0\rangle + e^{2\pi i 0.j_{n-1} j_n}|1\rangle) \cdots (|0\rangle + e^{2\pi i 0.j_1 j_2 \cdots j_n}|1\rangle)}{2^{n/2}}$$

(5.4)

这个积形式非常有用，甚至可以把它作为量子 Fourier 变换的定义。

表达式 (5.4) 可引导我们构造出有效的表达计算量子 Fourier 变换的一个量子线路，并同时给出量子 Fourier 变换酉性的证明，为基于量子 Fourier 变换的算法提供思维的灵感。

量子 Fourier 变换的积形式 (5.4) 与定义式 (5.2) 的等价性，可由简单的代数运算推导得到：

$$|j\rangle \rightarrow \frac{1}{\sqrt{N}} \sum_{k=0}^{N-1} e^{2\pi i j k / N} |k\rangle \xrightarrow{N=2^n} \frac{1}{2^{n/2}} \sum_{k=0}^{2^n-1} e^{2\pi i j k / 2^n} |k\rangle$$

（k 的二进制表示：$k = k_1 \cdots k_n$，即 k 从 0 至 $2^n - 1$ 等价于 $k_1 \cdots k_n$ 从 $0 \cdots 0$ 到 $1 \cdots 1$）

$$= \frac{1}{2^{n/2}} \sum_{k_1=0}^{1} \cdots \sum_{k_n=0}^{1} e^{2\pi i j (\sum_{l=1}^{n} k_l 2^{-l})} |k_1 \cdots k_n\rangle$$

$$= \frac{1}{2^{n/2}} \sum_{k_1=0}^{1} \cdots \sum_{k_n=0}^{1} \bigotimes_{l=1}^{n} e^{2\pi i j k_l 2^{-l}} |k_l\rangle$$

$$= \frac{1}{2^{n/2}} \bigotimes_{l=1}^{n} \left(\sum_{k_l=0}^{1} e^{2\pi i j k_l 2^{-l}} |k_l\rangle \right)$$

$$= \frac{1}{2^{n/2}} \bigotimes_{l=1}^{n} (|0\rangle + e^{2\pi i j 2^{-l}} |1\rangle)$$

$$= \frac{1}{2^{n/2}} (|0\rangle + e^{2\pi i j 2^{-1}} |1\rangle)(|0\rangle + e^{2\pi i j 2^{-2}} |1\rangle) \cdots (|0\rangle + e^{2\pi i j 2^{-n}} |1\rangle)$$

j的二进制表示:$j = j_1 j_2 \cdots j_n$

$$\frac{(|0\rangle + e^{2\pi i 0.j_n} |1\rangle)(|0\rangle + e^{2\pi i 0.j_{n-1}j_n} |1\rangle) \cdots (|0\rangle + e^{2\pi i 0.j_1 j_2 \cdots j_n} |1\rangle)}{2^{n/2}}$$

积形式(5.4)使推导量子 Fourier 变换的有效线路变得容易。图 5.2 就给出了一个这样的线路,其中门 R_k 表示酉变换(即线路中的控制 R_k 门)。

$$R_k \equiv \begin{bmatrix} 1 & 0 \\ 0 & e^{2\pi i/2^k} \end{bmatrix}$$

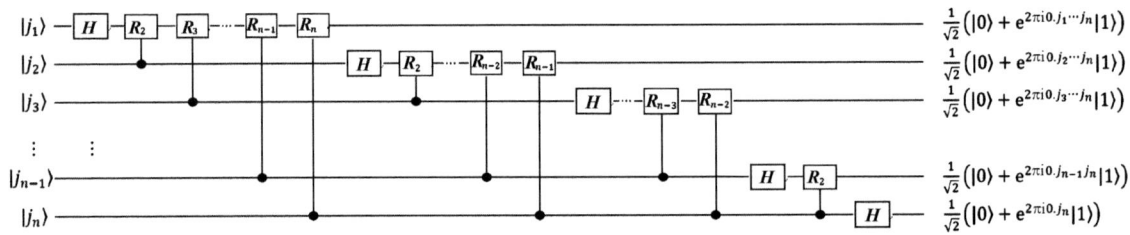

图 5-2 量子 Fourier 变换的有效线路

[这个线路从量子 Fourier 变换的积形式(5.4)很容易推导。这里没有给出线路端逆转量子比特顺序的交换门。]

为证明图 5-2 所示的线路能够实现量子 Fourier 变换的计算,考虑 n 量子比特 $|j_1 j_2 \cdots j_n\rangle$ 为输入时的计算过程。根据图 5-2 中 $|j_1\rangle$ 线上对应的酉门执行顺序,首先将 Hadamard 门作用到第一个量子比特 $|j_1\rangle$ 上,将产生如下状态:
(注:n 量子比特$|j_1 j_2 \cdots j_n\rangle$ 为二进制)

$$\frac{1}{2^{1/2}}(|0\rangle + e^{2\pi i 0.j_1} |1\rangle) |j_2 \cdots j_n\rangle$$

因为 $H|j_1\rangle = |0\rangle \pm |1\rangle$，所以当 j_1 等于 0 或 1 时，分别有如下的计算结果：

$$e^{2\pi i 0.j_1} \equiv \begin{cases} e^0 = 1 \Rightarrow H|0\rangle = |0\rangle + |1\rangle & j_1 = 0 \\ e^{2\pi i 0.1} = e^{2\pi i(1/2)} = e^{\pi i} = -1 \Rightarrow H|1\rangle = |0\rangle - |1\rangle & j_1 = 1 \end{cases}$$

随后再将受控 R_2 门作用在状态 $(|0\rangle + e^{2\pi i 0.j_1}|1\rangle)$ 上，即 $R_2(|0\rangle + e^{2\pi i 0.j_1}|1\rangle)$，则产生状态：

$$R_2(|0\rangle + e^{2\pi i 0.j_1}|1\rangle) = \begin{bmatrix} 1 & 0 \\ 0 & e^{2\pi i/4} \end{bmatrix} \left(\begin{bmatrix} 1 \\ 0 \end{bmatrix} + e^{2\pi i 0.j_1} \begin{bmatrix} 0 \\ 1 \end{bmatrix} \right)$$

$$= \left(\begin{bmatrix} 1 \\ 0 \end{bmatrix} + e^{2\pi i(j 2^{-1})} \begin{bmatrix} 0 \\ e^{2\pi i(j 2^{-2})} \end{bmatrix} \right)$$

$$= \left(\begin{bmatrix} 1 \\ 0 \end{bmatrix} + e^{2\pi i 0.j_1} e^{2\pi i 0.0 j_2} \begin{bmatrix} 0 \\ 1 \end{bmatrix} \right)$$

$$= (|0\rangle + e^{2\pi i 0.j_1 j_2}|1\rangle)$$

$$\Rightarrow \frac{1}{2^{1/2}}(|0\rangle + e^{2\pi i 0.j_1 j_2}|1\rangle)|j_2 \cdots j_n\rangle$$

再将受控 R_3 门作用其上：

$$R_3(|0\rangle + e^{2\pi i 0.j_1 j_2}|1\rangle) = \begin{bmatrix} 1 & 0 \\ 0 & e^{2\pi i/8} \end{bmatrix} \left(\begin{bmatrix} 1 \\ 0 \end{bmatrix} + e^{2\pi i 0.j_1 j_2} \begin{bmatrix} 0 \\ 1 \end{bmatrix} \right)$$

$$= \left(\begin{bmatrix} 1 \\ 0 \end{bmatrix} + e^{2\pi i(j 2^{-1} + j 2^{-2})} \begin{bmatrix} 0 \\ e^{2\pi i(j 2^{-3})} \end{bmatrix} \right)$$

$$= \left(\begin{bmatrix} 1 \\ 0 \end{bmatrix} + e^{2\pi i 0.j_1} e^{2\pi i 0.0 j_2} e^{2\pi i 0.00 j_3} \begin{bmatrix} 0 \\ 1 \end{bmatrix} \right)$$

$$= (|0\rangle + e^{2\pi i 0.j_1 j_2 j_3} |1\rangle)$$

$$\Rightarrow \frac{1}{2^{1/2}}(|0\rangle + e^{2\pi i 0.j_1 j_2 j_3} |1\rangle)|j_2 \cdots j_n\rangle$$

如此操作,将受控 R_4 门直到受控 R_n 门作用其上,每一个门都在第一个 $|j_1\rangle$ 的系数的相位上增加一个附加比特,直至这个过程的最后,我们即可获得如下状态:

$$\frac{1}{2^{1/2}}(|0\rangle + e^{2\pi i 0.j_1 j_2 \cdots j_n} |1\rangle)|j_2 \cdots j_n\rangle$$

完成量子比特 $|j_1\rangle$ 上的计算。下面对第二量子比特 $|j_2\rangle$ 执行类似的过程。第 2 个 Hadamard 门使当前状态变为:

$$\frac{1}{2^{2/2}}(|0\rangle + e^{2\pi i 0.j_1 j_2 \cdots j_n} |1\rangle)(|0\rangle + e^{2\pi i 0.j_2} |1\rangle)|j_3 \cdots j_n\rangle$$

将受控 R_2 门直到受控 R_{n-1} 门作用其上,产生状态:

$$\frac{1}{2^{2/2}}(|0\rangle + e^{2\pi i 0.j_1 j_2 \cdots j_n} |1\rangle)(|0\rangle + e^{2\pi i 0.j_2 \cdots j_n} |1\rangle)|j_3 \cdots j_n\rangle$$

完成量子比特 $|j_2\rangle$ 上的计算。对每个量子比特 $|j_i\rangle$ 继续这样的操作,计算出最终状态为:

$$\frac{1}{2^{n/2}}(|0\rangle + e^{2\pi i 0.j_1 j_2 \cdots j_n} |1\rangle)(|0\rangle + e^{2\pi i 0.j_2 \cdots j_n} |1\rangle) \cdots (|0\rangle + e^{2\pi i 0.j_n} |1\rangle)$$

最后再用交换运算逆转量子比特的顺序得到图 5-2 描述的量子 Fourier 变换算法的线路描述,为清楚起见,图 5-2 略去了那些交换运算,量子比特的状态为:

$$\frac{1}{2^{n/2}}(|0\rangle + e^{2\pi i 0.j_n} |1\rangle)(|0\rangle + e^{2\pi i 0.j_{n-1} j_n} |1\rangle) \cdots (|0\rangle + e^{2\pi i 0.j_1 j_2 \cdots j_n} |1\rangle)$$

与式(5.4)比较,可以看到这正是量子 Fourier 变换期望的输出,该结构也证明量子 Fourier 变换是酉的,因为线路中每个门都是酉的。

这个线路提供了进行量子 Fourier 变换的一个 $\Theta(n^2)$ 算法,与之对照,计算 2^n 个元的离散 Fourier 变换的最好经典算法,如快速 Fourier 变换(FFT),要用 $\Theta(n2^n)$ 个门,即在经典计算机上需要的运算指数级多于在量子计算机的量子 Fourier 变换。

盒子 5.1　三量子比特量子 Fourier 变换的案例

为了具体起见,我们来看一个三量子比特量子 Fourier 变换的具体例子:

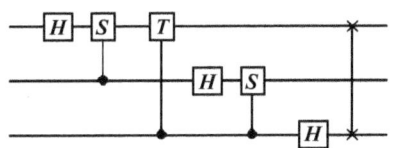

回顾 **S** 和 **T** 是相位门和 $\pi/8$ 门(参考名词和记号)。这个实例中量子 Fourier 变换用 $\omega = e^{2\pi i/8} = \sqrt{i}$ 的矩阵表示为:

$$\frac{1}{\sqrt{8}} = \begin{bmatrix} 1 & 1 & 1 & 1 & 1 & 1 & 1 & 1 \\ 1 & \omega & \omega^2 & \omega^3 & \omega^4 & \omega^5 & \omega^6 & \omega^7 \\ 1 & \omega^2 & \omega^4 & \omega^6 & 1 & \omega^2 & \omega^4 & \omega^6 \\ 1 & \omega^3 & \omega^6 & \omega^1 & \omega^4 & \omega^7 & \omega^2 & \omega^5 \\ 1 & \omega^4 & 1 & \omega^4 & 1 & \omega^4 & 1 & \omega^4 \\ 1 & \omega^5 & \omega^2 & \omega^7 & \omega^4 & \omega^1 & \omega^6 & \omega^3 \\ 1 & \omega^6 & \omega^4 & \omega^2 & 1 & \omega^6 & \omega^4 & \omega^2 \\ 1 & \omega^7 & \omega^6 & \omega^5 & \omega^4 & \omega^3 & \omega^2 & \omega^1 \end{bmatrix}$$

练习 5.3 （经典快速 Fourier 变换）在一个经典计算机上进行一个包含 2^n 个复数向量的 Fourier 变换，验证基于式(5.1)的直接方法进行 Fourier 变换，需要 $\Theta(2^{2n})$ 个基本算术运算。找出基于式(5.4)的运算方法，将这个数量降低到 $\Theta(n2^n)$ 个。

解：

1. 基于式(5.1)进行 Fourier 变换，显然对于每一个 y_k 需要先做 N 次加法，再做 N 次乘法，总共需要进行 N^2 次基本算术运算。又因为 $N=2^n$，所以共需要 $\Theta(N \times N) = \Theta(2^{2n})$ 个基本算术运算。

$$y_k \equiv \frac{1}{\sqrt{N}} \sum_{j=0}^{N-1} x_j e^{2\pi i j k/N}$$

2. 基于式(5.4)的直接方法进行 Fourier 变换，有 n 个括号，每个括号内有 $|0\rangle$ 和 $|1\rangle$ 两个态，所以共有 2^n 次基本的乘法运算；每次计算一个 j_k，共有 n 个，所以共需要 $\Theta(n2^n)$ 个基本算术运算。

$$\frac{(|0\rangle + e^{2\pi i 0.j_n}|1\rangle)(|0\rangle + e^{2\pi i 0.j_{n-1}j_n}|1\rangle)\cdots(|0\rangle + e^{2\pi i 0.j_1 j_2 \cdots j_n}|1\rangle)}{2^{n/2}}$$

注：在经典的离散 Fourier 变换(DFT)中，快速 Fourier 变换(FFT)算法的思想是利用变换公式中 $W_N^{kn} = e^{-2\pi i n k/N}$ 因子的周期性和对称性，将 N 点 DFT 分解为两个 $N/2$ 点的 DFT，这样两个 $N/2$ 点的 DFT 总的计算量只是原来的一半，即 $(N/2)^2 + (N/2)^2 = N^2/2$，如此分解可以继续下去，可将 $N/2$ 点再分解为两个 $N/4$ 点的 DFT……对于 $N=2^n$ 点的 DFT 都可以分解为 2 点的 DFT，这样其计算量可以减少为 $(N/2)\log N$ 次乘法和 $N \log N$ 次加法。代入 $N=2^n$ 后即可得结果。

$$A(N \cdot n) \Rightarrow A(N \text{ 个基} \cdot \text{每个基的 DFT}) \Rightarrow \Theta(n2^n)$$

$$A(N) = 2A(N/2) + \Theta(N) \Rightarrow A(N \log N) \Rightarrow \Theta(n2^n)$$

第 5 章　量子 Fourier 变换及其应用的阅读辅导与习题练习

练习 5.4 给出受控 R_k 门到单量子比特门和受控非门的一个分解。

解：根据设定，受控 R_k 门定义为：

$$R_k \equiv \begin{bmatrix} 1 & 0 \\ 0 & e^{2\pi i/2^k} \end{bmatrix}$$

依据《量子计算和量子信息（一）——量子计算部分》书中第 58 页定理 4.1，设 U 是单量子比特的酉算子，则存在实数 α, β, γ 和 δ 使得：

$$U = e^{i\alpha} R_z(\beta) R_y(\gamma) R_z(\delta)$$

$$U = R_k \Rightarrow \begin{bmatrix} e^{i(\alpha-\beta/2-\delta/2)}\cos\frac{\gamma}{2} & -e^{i(\alpha-\beta/2+\delta/2)}\sin\frac{\gamma}{2} \\ e^{i(\alpha+\beta/2-\delta/2)}\sin\frac{\gamma}{2} & e^{i(\alpha+\beta/2+\delta/2)}\cos\frac{\gamma}{2} \end{bmatrix} = \begin{bmatrix} 1 & 0 \\ 0 & e^{2\pi i/2^k} \end{bmatrix}$$

解得 $\alpha = \pi/2^k, \beta = 0, \gamma = 0, \delta = 2\pi/2^k$，则：

$$R_k = e^{i\frac{\pi}{2^k}} R_z(0) R_y(0) R_z\left(\frac{2\pi}{2^k}\right)$$

根据《量子计算和量子信息（一）——量子计算部分》书中第 87 页推论 4.2，设 U 是单量子比特算子上的酉门，则存在单量子比特算子上的酉算子 A, B, C，使得 $ABC = I$ 且 $U = e^{i\alpha} AXBXC$。其中 α 为某个全局相位因子，$A \equiv R_z(\beta) R_y(\gamma/2), B \equiv R_y(-\gamma/2) R_z(-(\delta+\beta)/2), C \equiv R_z((\delta-\beta)/2)$，则：

$$A = I, \quad B = R_z\left(-\frac{\pi}{2^k}\right), \quad C = R_z\left(\frac{\pi}{2^k}\right)$$

受控 R_k 门到单量子比特门和受控非门的一个分解如图 5-3 所示：

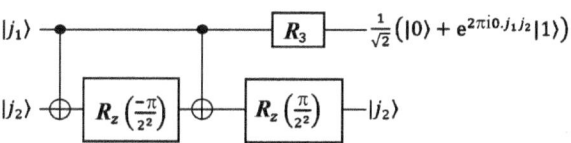

图 5-3　受控 R_k 门到单量子比特门和受控非门的一个逻辑线路的分解

图 5-4 给出受控 R_2 门的原逻辑线路图:

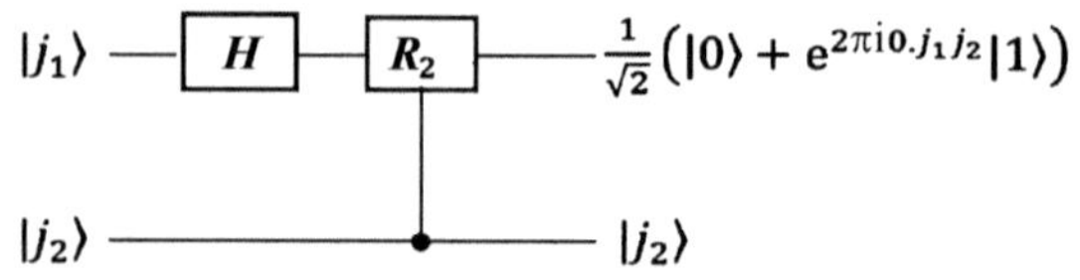

$$|j_1\rangle - \boxed{H} - \boxed{R_2} - \frac{1}{\sqrt{2}}(|0\rangle + e^{2\pi i 0.j_1 j_2}|1\rangle)$$

$$|j_2\rangle \longrightarrow |j_2\rangle$$

图 5-4 原线路图

我们以输入 $|j_1\rangle|j_2\rangle$ 为例,基于初等代数演算验证图 5-3 和图 5-4 的两个线路的等价性。

① 原线路图(图 5-4):首先经过 H 门:

$j_1 = |0\rangle$:

$$Hj_1 \Rightarrow H|0\rangle = \frac{1}{\sqrt{2}}(|0\rangle + |1\rangle) = \frac{1}{\sqrt{2}}(|0\rangle + e^{2\pi i 0.0}|1\rangle)$$

$$= \frac{1}{\sqrt{2}}(|0\rangle + e^{2\pi i 0.j_1}|1\rangle)$$

$j_1 = |1\rangle$:

$$Hj_1 \Rightarrow H|1\rangle = \frac{1}{\sqrt{2}}(|0\rangle - |1\rangle)$$

$$= \frac{1}{\sqrt{2}}(|0\rangle + e^{\pi i}|1\rangle) = \frac{1}{\sqrt{2}}(|0\rangle + e^{2\pi i 0.1}|1\rangle)$$

$$= \frac{1}{2^{1/2}}(|0\rangle + e^{2\pi i 0.j_1}|1\rangle)$$

$$\left(\text{注:二进制 } 0.1 \Rightarrow \frac{1}{2}\right)$$

再经过 R_2 门:

$j_2 = |0\rangle$ 时,受控 $R_2 \equiv \begin{bmatrix} 1 & 0 \\ 0 & e^{2\pi i/2^2} \end{bmatrix}$ 门不起作用,当 j_1 分别为 $|0\rangle$ 或 $|1\rangle$ 时,

第5章 量子 Fourier 变换及其应用的阅读辅导与习题练习

就会有以下两个推导结果：

$$\Rightarrow \frac{1}{\sqrt{2}}(|0\rangle + e^{2\pi i 0.00}|1\rangle) = \frac{1}{\sqrt{2}}(|0\rangle + e^{2\pi i 0.j_1 j_2}|1\rangle)$$

$$\Rightarrow \frac{1}{\sqrt{2}}(|0\rangle + e^{2\pi i 0.10}|1\rangle) = \frac{1}{\sqrt{2}}(|0\rangle + e^{2\pi i 0.j_1 j_2}|1\rangle)$$

$j_2 = |1\rangle$ 时，受控 $R_2 \equiv \begin{bmatrix} 1 & 0 \\ 0 & e^{2\pi i/2^2} \end{bmatrix}$ 门起作用，同样，无论此时 j_1 为 $|0\rangle$ 或 $|1\rangle$，都会有以下的推导结果：

$$\frac{1}{\sqrt{2}}R_2(|0\rangle + e^{2\pi i 0.j_1}|1\rangle) = \frac{1}{\sqrt{2}}\begin{bmatrix} 1 & 0 \\ 0 & e^{2\pi i/2^2} \end{bmatrix}(|0\rangle + e^{2\pi i 0.j_1}|1\rangle)$$

$$= \frac{1}{\sqrt{2}}(|0\rangle + e^{2\pi i 0.j_1} e^{2\pi i/2^2}|1\rangle)$$

$$= \frac{1}{\sqrt{2}}(|0\rangle + e^{2\pi i 0.j_1} e^{2\pi i/4}|1\rangle)$$

$$= \frac{1}{\sqrt{2}}(|0\rangle + e^{2\pi i 0.j_1} e^{2\pi i 0.01}|1\rangle)$$

$$= \frac{1}{\sqrt{2}}(|0\rangle + e^{2\pi i 0.j_1 j_2}|1\rangle)$$

所以

$$|j_1\rangle|j_2\rangle \xrightarrow{\text{经过图5-4变换的输出}} \frac{1}{\sqrt{2}}(|0\rangle + e^{2\pi i 0.j_1 j_2}|1\rangle)|j_2\rangle$$

② 受控 R_2 门到单量子比特门和受控非门分解后的线路图（图 5-3）：

$$XBX \Rightarrow XR_z\left(-\frac{\pi}{2^k}\right)X = R_z\left(\frac{\pi}{2^k}\right)$$

$R_k = e^{i\alpha}AXBXC$

$\Rightarrow e^{i\alpha}AXBXC$

$$\Rightarrow e^{i\alpha}(\boldsymbol{R}_z(\beta)\boldsymbol{R}_y(\gamma/2))\boldsymbol{X}(\boldsymbol{R}_y(-\gamma/2)\boldsymbol{R}_z(-(\delta+\beta)/2))\boldsymbol{X}\boldsymbol{R}_z((\delta-\beta)/2)$$

$$\Rightarrow e^{i\alpha}(\boldsymbol{R}_z(0)\boldsymbol{R}_y(0))\boldsymbol{X}\left(\boldsymbol{R}_y(0)\boldsymbol{R}_z\left(-\frac{\pi}{2^k}\right)\right)\boldsymbol{X}\boldsymbol{R}_z\left(\frac{\pi}{2^k}\right)$$

$$\Rightarrow e^{i\alpha}\boldsymbol{I}\boldsymbol{X}\boldsymbol{R}_z\left(-\frac{\pi}{2^k}\right)\boldsymbol{X}\boldsymbol{R}_z\left(\frac{\pi}{2^k}\right)$$

所以当控制位为 0 的时候：

$$\boldsymbol{I}\boldsymbol{R}_z\left(-\frac{\pi}{2^k}\right)\boldsymbol{R}_z\left(\frac{\pi}{2^k}\right) = \boldsymbol{I}$$

当控制位为 1 的时候：

$$\boldsymbol{I}\boldsymbol{X}\boldsymbol{R}_z\left(-\frac{\pi}{2^k}\right)\boldsymbol{X}\boldsymbol{R}_z\left(\frac{\pi}{2^k}\right) = \boldsymbol{R}_z\left(\frac{\pi}{2^k}\right)\boldsymbol{R}_z\left(\frac{\pi}{2^k}\right) = \boldsymbol{R}_z\left(\frac{2\pi}{2^k}\right)$$

$\boldsymbol{R}_2$ 情况下：经过 $\boldsymbol{H}$ 门后：

$$|j_1\rangle|j_2\rangle = (|0\rangle + e^{2\pi i 0.j_1}|1\rangle)|j_2\rangle = |0\rangle|j_2\rangle + e^{2\pi i 0.j_1}|1\rangle|j_2\rangle$$

$$= |0\rangle|j_2\rangle + e^{2\pi i 0.j_1}|1\rangle\boldsymbol{R}_z\left(\frac{2\pi}{2^2}\right)|j_2\rangle$$

$$= |0\rangle|j_2\rangle + e^{2\pi i 0.j_1}|1\rangle e^{2\pi i 0.0j_2}|j_2\rangle$$

$$= |0\rangle|j_2\rangle + e^{2\pi i 0.j_1 j_2}|1\rangle|j_2\rangle$$

$$= (|0\rangle + e^{2\pi i 0.j_1 j_2}|1\rangle)|j_2\rangle$$

所以

$$|j_1\rangle|j_2\rangle \xrightarrow{\text{经过单量子比特门和受控非门分解后线路(图5-3)变换的输出}} \frac{1}{\sqrt{2}}(|0\rangle + e^{2\pi i 0.j_1 j_2}|1\rangle)|j_2\rangle$$

比较图 5-3 和图 5-4 的输出结果，可知两量子线路是等价的。

练习 5.5 给出进行逆量子 Fourier 变换的一个量子线路。

解：以下是图 5-2 量子 Fourier 变换的一个量子线路，完成以下变换：

$$|j_1 j_2 \cdots j_n\rangle \rightarrow$$

$$\frac{(|0\rangle + e^{2\pi i 0.j_n}|1\rangle)(|0\rangle + e^{2\pi i 0.j_{n-1}j_n}|1\rangle)\cdots(|0\rangle + e^{2\pi i 0.j_1 j_2 \cdots j_n}|1\rangle)}{2^{n/2}}$$

一个逆量子 Fourier 变换的线路是将以上线路中的所有 R_k 替换为 $R_k^\dagger = \begin{bmatrix} 1 & 0 \\ 0 & e^{-2\pi i/2^k} \end{bmatrix}$，然后将整个线路的先后次序翻转，即 $(u_1 u_2 \cdots u_n)^{-1} = u_n^\dagger u_{n-1}^\dagger \cdots u_1^\dagger$，即图 5-5 所示的逆量子 Fourier 变换的一个量子线路，可完成 Fourier 变换的逆变换：

$$\frac{(|0\rangle + e^{2\pi i 0.j_n}|1\rangle)(|0\rangle + e^{2\pi i 0.j_{n-1}j_n}|1\rangle)\cdots(|0\rangle + e^{2\pi i 0.j_1 j_2 \cdots j_n}|1\rangle)}{2^{n/2}} \rightarrow |j_1 j_2 \cdots j_n\rangle$$

> **练习 5.6** （量子 Fourier 变换的近似）量子 Fourier 变换的量子线路结构，表面上需要用到的门的个数为量子比特数目指数的量级，然而，多项式规模的量子线路永远也不需要这样的精度。例如，令 U 是 n 量子比特上的理想 Fourier 变换，而 V 是以精度 $\Delta = 1/p(n)$ 完成受控 R_k 门得到的结果，$p(n)$ 是某个多项式。证明误差 $E(U,V) \equiv \max_{|\psi\rangle} \|(U-V)|\psi\rangle\|$ 的大小是 $\Theta(n^2/p(n))$，因此每个门的多项式精度对保证输出状态的多项式精度是足够了。

证明：令 U 是 n 量子比特上的理想 Fourier 变换，而 V 是以某多项式 $p(n)$ 的精度 $\Delta = 1/p(n)$ 执行受控 R_k 门时产生的 U 的近似变换，设 U 中作用在每一个量子比特 $|x_k\rangle$ 上的受控 R_j 门对应 V 中为 R_j'，则根据题意得：

$$\|R_j|x_k\rangle - R_j'|x_k\rangle\| = \|(R_j - R_j')|x_k\rangle\| = \Delta = 1/p(n)$$

根据图 5-2 给出的理想 Fourier 变换 U 的线路，首先在第一个量子比特 $|x_1\rangle$ 上作用一个 Hadamard 门和 $n-1$ 个条件旋转，总共有 n 个门，接着在第二个量子比特 $|x_2\rangle$ 上作用一个 Hadamard 门和 $n-2$ 个条件旋转，两者共计有

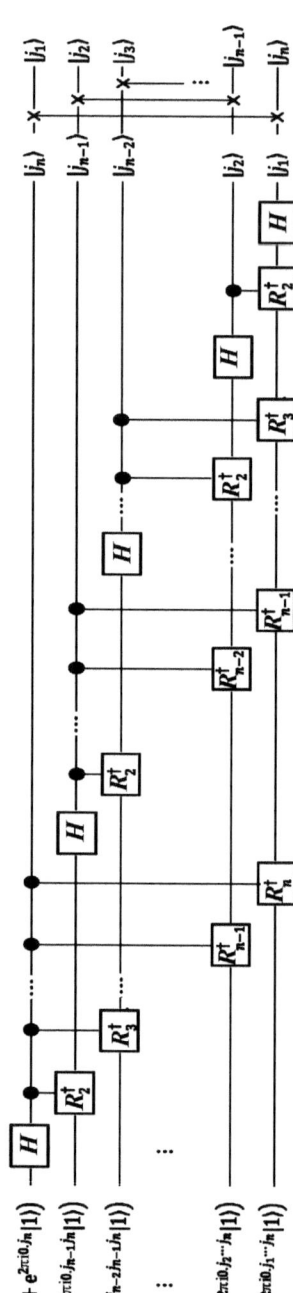

图 5-5 逆量子 Fourier 变换的一个量子线路

$n+(n-1)$ 个门,继续这样的操作,我们看到完成理想 Fourier 变换 U 需有 $n+(n-1)+\cdots+1=n(n+1)/2$ 个门。进一步,若涉及结果数据交换,则最多需要 $n/2$ 次交换,并且每一次交换都可以用三个控制门来完成。因此,上述线路提供了进行量子 Fourier 变换的一个 $\Theta(n^2)$ 算法,所以两者之误差大小约为:

$$E(\boldsymbol{U},\boldsymbol{V}) \equiv \max_{|\psi\rangle}\|(\boldsymbol{U}-\boldsymbol{V})|\psi\rangle\| = \sum_{k=1}^{n}\sum_{j=k+1}^{n}\|(\boldsymbol{R}_j-\boldsymbol{R}_j')|x_k\rangle\|$$

$$=\sum_{k=1}^{n}\sum_{j=k+1}^{n}\Delta = \Delta \cdot n(n+1)/2$$

$$\approx 1/p(n) \cdot \Theta(n^2) = \Theta\left(\frac{n^2}{p(n)}\right)$$

5.2 相位估计

阅读内容

Fourier 变换是相位估计(phase estimation)一般过程通用程序的关键,而相位估计又是许多量子算法的要素。设酉算子 U 具有某特征值为 $\mathrm{e}^{2\pi\mathrm{i}\varphi}$ 的特征向量 $|u\rangle$,而 φ 的值是未知的,相位估计算法的目标是估算 φ。为了估算 φ,假设我们拥有能够制备状态 $|u\rangle$ 的黑匣子(black box,有时称为 oracle),并且对于恰当的非负整数 j,能够执行受控 U^{2^j} 操作。至此,我们应该将相位估计视为一种"子程序"或"模块",而不是一个完整的量子算法,当它与其他子程序结合时,可以完成有意义的计算或用于执行有趣的计算任务。

量子相位估计使用两个寄存器,第一寄存器包含 t 个初始态为 $|0\rangle$ 的量子比特;第二寄存器存储 $|u\rangle$,即包含存储 $|u\rangle$ 所需数目的量子比特。

如图 5-6 所示的线路,该线路从对第一寄存器应用 Hadamard 门开始,接着应用受控 U 门到第二寄存器,U 以 2 的幂次自乘。结合上一节的内容可以看出第一寄存器的最终状态是:

$$\frac{1}{2^{t/2}}(|0\rangle + e^{2\pi i 2^{t-1}\varphi}|1\rangle)(|0\rangle + e^{2\pi i 2^{t-2}\varphi}|1\rangle)\cdots(|0\rangle + e^{2\pi i 2^{0}\varphi}|1\rangle)$$

$$= \frac{1}{2^{t/2}}\sum_{k=0}^{2^{t}-1} e^{2\pi i \varphi k}|k\rangle \tag{5.5}$$

在这个计算过程中忽略了第二寄存器,因为它在计算过程中始终处于状态 $|u\rangle$。

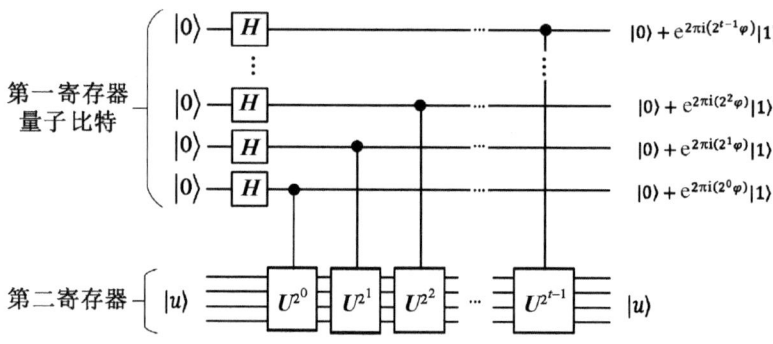

图 5-6 相位估计的第一阶段,右边略去了归一化因子 $1/\sqrt{2}$

练习 5.7 通过证明图 5-6 中那样的受控 U 运算把状态 $|j\rangle|u\rangle$ 变到 $|j\rangle U^{j}|u\rangle$,可以获得对图 5-6 中线路更多的了解,现在就证明这一点(注意这并不依赖于 $|u\rangle$ 是 U 的本征态)。

证明:设 j 的二进制为 $j_1 j_2 \cdots j_n$,则 $j = j_1 j_2 \cdots j_n = j_1 2^{n-1} + j_2 2^{n-2} + \cdots + j_{n-1} 2^1 + j_n 2^0$,则根据图 5-6 线路将完成对于每一个 $|0\rangle$ 的下列计算:(举例受控 U^{2^k} 运算)

$$|0\rangle|u\rangle \xrightarrow{H} H|0\rangle|u\rangle \rightarrow (|0\rangle + |1\rangle)|u\rangle$$

$$\xrightarrow{U^{2^k}} (|0\rangle + |1\rangle)U^{2^k}|u\rangle$$

$$\xrightarrow{\text{受控运算}} |0\rangle|u\rangle + |1\rangle U^{2^k}|u\rangle$$

第 5 章 量子 Fourier 变换及其应用的阅读辅导与习题练习

$$\xrightarrow{U^{2^k}|u\rangle=(e^{2\pi i\varphi})^k|u\rangle}|0\rangle|u\rangle+|1\rangle(e^{2\pi i\varphi})^{2^k}|u\rangle$$

$$\rightarrow |0\rangle|u\rangle+e^{2\pi i(2^k\varphi)}|1\rangle|u\rangle$$

$$\rightarrow (|0\rangle+e^{2\pi i(2^k\varphi)}|1\rangle)|u\rangle$$

同理,计算第一寄存器中的每一个 $|0\rangle$ 作用在第二寄存器的 $|u\rangle$ 上,即可理解受控 U 运算是如何将状态 $|j\rangle|u\rangle$ 变到 $|j\rangle U^j|u\rangle$ 的过程:

$$|j\rangle|u\rangle=|j_1j_2\cdots j_n\rangle|u\rangle\xrightarrow{j_n}|j\rangle U^{j_n2^0}|u\rangle\xrightarrow{j_{n-1}}|j\rangle U^{j_{n-1}2^1}(U^{j_n2^0}|u\rangle)$$

$$=|j\rangle U^{j_{n-1}2^1+j_n2^0}|u\rangle\xrightarrow{j_{n-2}}\cdots\xrightarrow{j_1}|j\rangle U^{j_12^{n-1}+\cdots+j_{n-1}2^1+j_n2^0}|u\rangle$$

$$=|j\rangle U^{(j_12^{n-1}+\cdots+j_{n-1}2^1+j_n2^0)}|u\rangle=|j\rangle U^{j_1j_2\cdots j_n}|u\rangle=|j\rangle U^j|u\rangle$$

阅读内容

相位估计的第二阶段是应用逆 Fourier 变换到第一寄存器,这可以通过翻转 Fourier 变换的线路做到(练习 5.5),并且可在 $\Theta(t^2)$ 步内完成。相位估计的第三步骤也是最后的阶段,是通过在计算基中的测量读出第一寄存器的状态。

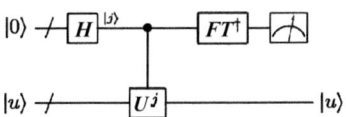

图 5-7 相位估计的全过程的框架

[上部 t 量子比特(如常用的形式,"/"表示线束)是第一寄存器,而底下的量子比特是第二寄存器,其量子比特数目为进行 U 变换所需要的。$|u\rangle$ 是 U 的特征值为 $e^{2\pi i\varphi}$ 的一个本征态。测量的输出是 φ 的精确到 $t-\lceil\log(2+\frac{1}{2\varepsilon})\rceil$ 位比特,成功概率至少为 $1-\varepsilon$ 的近似。]

假设 φ 恰好可以表示为 t 位比特,即 $\varphi=0.\varphi_1\cdots\varphi_t$,则相位估计第一阶段的结果状态式(5.5)可以重写为:

$$\frac{1}{2^{t/2}}(|0\rangle+e^{2\pi i 0.\varphi_t}|1\rangle)(|0\rangle+e^{2\pi i 0.\varphi_{t-1}\varphi_t}|1\rangle)\cdots(|0\rangle+e^{2\pi i 0.\varphi_1\varphi_2\cdots\varphi_t}|1\rangle)$$

(5.6)

相位估计的第二阶段是应用逆 Fourier 变换。通过比较上式和 Fourier 变换的积形式[式(5.4)],我们看到第二阶段的输出状态是积状态 $|\varphi_1\varphi_2\cdots\varphi_t\rangle$,第三阶段是在计算基中的测量精确给出 φ。

总之,给定相应的特征向量 $|u\rangle$,相位估计算法使我们能够估计酉算子 U 的一个特征值的相位 φ,这个过程核心的一个本质特点是进行逆 Fourier 变换

$$\frac{1}{2^{t/2}}\sum_{j=0}^{2^t-1}e^{2\pi i\varphi j}|j\rangle|u\rangle\to|\widetilde{\varphi}\rangle|u\rangle \tag{5.7}$$

其中 $|\widetilde{\varphi}\rangle$ 表示一个状态,它是对 φ 的一个很好的估计量。

上述的分析:1. 理想情况下,φ 可以精确地展开成 t 比特二进制数;2. 一般情况下,上述过程将会以很高的概率产生 φ 的一个非常好的近似。

以下是上述分析的代数解析:

令 b 是 $0\sim(2^t-1)$ 内的一个整数,它使得 $b/2^t=0.b_1\cdots b_t$ 成为在小于 φ 的数中 φ 的 t 比特最佳近似,即 φ 和 $b/2^t$ 之间的差 $\delta\equiv\varphi-b/2^t$ 满足 $0\leqslant\delta\leqslant 2^{-t}$。应用逆量子 Fourier 变换到状态式(5.5)上,产生状态:

$$\frac{1}{2^t}\sum_{k,l=0}^{2^t-1}e^{\frac{-2\pi ikl}{2^t}}e^{2\pi i\varphi k}|l\rangle \tag{5.8}$$

令 α_l 为 $|(b+l)(\mathrm{mod}\,2^t)\rangle$ 的幅度:

$$\alpha_l=\frac{1}{2^t}\sum_{k=0}^{2^t-1}(e^{2\pi i(\varphi-(b+l)/2^t)})^k \tag{5.9}$$

注:从式(5.8)到式(5.9),根据 $\sum_{l=0}^{2^t-1}e^{\frac{-2\pi ikl}{2^t}}e^{2\pi i\varphi k}|l\rangle$,对集合 $\{|l\rangle(\mathrm{mod}\,2^t)\}_{l=0}^{2^t-1}$ 做一个等价变换 $\{|(b+l)(\mathrm{mod}\,2^t)\rangle\}_{l=0}^{2^t-1}$,此时 $|(b+l)(\mathrm{mod}\,2^t)\rangle$ 的幅度为 α_l。显然式(5.9)是一个几何级数之和:

$$\alpha_l=\frac{1}{2^t}\left(\frac{1-e^{2\pi i(2^t\varphi-(b+l))}}{1-e^{2\pi i(\varphi-(b+l)/2^t)}}\right) \tag{5.10}$$

$$= \frac{1}{2^t}\left(\frac{1-e^{2\pi i(2^t\delta-l)}}{1-e^{2\pi i(\delta-l/2^t)}}\right) \tag{5.11}$$

设最终输出的结果为 m,对得到满足 $|m-b|>e$ 的 m 的概率给出估界,其中 e 是刻画容许误差的一个正整数,观察到这样的 m 的概率如下:

$$p(|m-b|>e) = \sum_{-2^{t-1}<l\leqslant-(e+1)}|\alpha_l|^2 + \sum_{e+1\leqslant l\leqslant 2^{t-1}}|\alpha_l|^2 \tag{5.12}$$

但对任意实数 θ,有 $|1-\exp(i\theta)|\leqslant 2$,故

$$|\alpha_l|\leqslant \frac{2}{2^t|1-e^{2\pi i(\delta-l/2^t)}|} \tag{5.13}$$

由初等几何或微积分可知,当 $-\pi\leqslant\theta\leqslant\pi$ 时,$|1-\exp(i\theta)|\geqslant 2|\theta|/\pi$,但当 $-2^{t-1}<l\leqslant 2^{t-1}$ 时,我们有 $-\pi\leqslant 2\pi(\delta-l/2^t)\leqslant\pi$,因此

$$|\alpha_l|\leqslant \frac{1}{2^{t+1}(\delta-l/2^t)} \tag{5.14}$$

结合式(5.12)和式(5.14),得:

$$p(|m-b|>e)\leqslant \frac{1}{4}\left[\sum_{l=-2^{t-1}+1}^{-(e+1)}\frac{1}{(l-2^t\delta)^2} + \sum_{l=e+1}^{2^{t-1}}\frac{1}{(l-2^t\delta)^2}\right] \tag{5.15}$$

又 $0\leqslant 2^t\delta\leqslant 1$,就得到:

$$p(|m-b|>e)\leqslant \frac{1}{4}\left[\sum_{l=-2^{t-1}+1}^{-(e+1)}\frac{1}{l^2} + \sum_{l=e+1}^{2^{t-1}}\frac{1}{(l-1)^2}\right] \tag{5.16}$$

$$\leqslant \frac{1}{2}\sum_{l=e}^{2^{t-1}-1}\frac{1}{l^2} \tag{5.17}$$

$$\leqslant \frac{1}{2}\int_{e-1}^{2^{t-1}-1}dl\,\frac{1}{l^2} \tag{5.18}$$

$$= \frac{1}{2(e-1)} \tag{5.19}$$

假设我们希望近似 φ 到精度 2^{-n},即我们选择 $e=2^{t-n}-1$。通过在相位估计算法中利用 $t=n+p$ 量子比特,我们从式(5.19)看到,获得精确到这个精度的近似概率至少为 $1-1/2(2^p-2)$。因此为了以至少 $1-\varepsilon$ 的成功概率精确到 n 比特得到 φ,我们选择

$$t=n+\left\lceil \log\left(2+\frac{1}{2\varepsilon}\right)\right\rceil \qquad (5.20)$$

> **练习 5.8** 设相位估计算法把状态 $|0\rangle|u\rangle$ 变为状态 $|\widetilde{\varphi}_u\rangle|u\rangle$,使得给定输入 $|0\rangle(\sum_u c_u|u\rangle)$ 时,算法的输出为 $\sum_u c_u|\widetilde{\varphi}_u\rangle|u\rangle$。证明:如果 t 按照式(5.20)选择,则在相位估计算法最后精确到 n 比特测量 φ_u 的概率,至少是 $|c_u|^2(1-\varepsilon)$。

证明: 原本

$$p(|m-b|\leqslant e)=\sum_{l=-e}^{e}\langle\widetilde{\varphi}_u|\langle u|(|b+l\rangle\langle b+l|\otimes I)|\widetilde{\varphi}_u\rangle|u\rangle$$

$$=\sum_{l=-e}^{e}\langle\widetilde{\varphi}_u|b+l\rangle\langle b+l|\widetilde{\varphi}_u\rangle\geqslant 1-\varepsilon$$

现在

$$p'(|m-b|\leqslant e)$$

$$=\sum_{l=-e}^{e}\left[\left(\sum_u c_u^*\langle\widetilde{\varphi}_u|\langle u|\right)(|b+l\rangle\langle b+l|\otimes I)\left(\sum_u c_u|\widetilde{\varphi}_u\rangle|u\rangle\right)\right]$$

$$=\sum_{l=-e}^{e}\sum_{u_1,u_2}(c_{u_1}^*\langle\widetilde{\varphi}_{u_1}|)|b+l\rangle\langle b+l|(c_{u_2}|\widetilde{\varphi}_{u_2}\rangle)\otimes\langle u_1|u_2\rangle$$

$$=\sum_{l=-e}^{e}\sum_u |c_u|^2\langle\widetilde{\varphi}_u|b+l\rangle\langle b+l|\widetilde{\varphi}_u\rangle$$

$$=\sum_u |c_u|^2\left(\sum_{l=-e}^{e}\langle\widetilde{\varphi}_u|b+l\rangle\langle b+l|\widetilde{\varphi}_u\rangle\right)$$

$$\geqslant |c_u|^2 p(|m-b|\leqslant e)=|c_u|^2(1-\varepsilon)$$

第5章 量子Fourier变换及其应用的阅读辅导与习题练习

提醒：如果复合系统的某部分完全可以区分，那么整体就完全可区分。

阅读内容

算法 量子相位估计

输入 （1）对整数 j 进行受控 U^j 运算的黑盒；（2）U 的具有特征值为 $e^{2\pi i \varphi_u}$ 的本征态 $|u\rangle$；（3）将 $t = n + \left\lceil \log\left(2 + \dfrac{1}{2\varepsilon}\right) \right\rceil$ 个量子比特初始化为 $|0\rangle$。

输出 获取 φ_u 的 n 比特近似值 $\widetilde{\varphi}_u$。

运行时间 $O(t^2)$ 次操作和对受控 U^j 黑盒的一次调用，成功的概率至少是 $1 - \varepsilon$。

过程

(1) $|0\rangle|u\rangle$ //初态

(2) $\to \dfrac{1}{\sqrt{2^t}} \sum\limits_{j=0}^{2^t-1} |j\rangle|u\rangle$ //产生叠加

(3) $\to \dfrac{1}{\sqrt{2^t}} \sum\limits_{j=0}^{2^t-1} |j\rangle U^j |u\rangle$ //应用黑盒

$ = \dfrac{1}{\sqrt{2^t}} \sum\limits_{j=0}^{2^t-1} e^{2\pi i j \varphi_u} |j\rangle|u\rangle$ //黑盒的结果

(4) $\to |\widetilde{\varphi}_u\rangle|u\rangle$ //应用逆Fourier变换

(5) $\to |\widetilde{\varphi}_u\rangle$ //测量第一寄存器

练习5.9 令 U 是一个特征值为 ± 1 的酉变换，作用在一个状态 $|\psi\rangle$ 上。利用相位估计过程，构造一个量子线路，使 $|\psi\rangle$ 坍缩到 U 的两个本征空间中之一，给出最终状态在哪个空间的一个经典指示器。将结果与练习4.34 的结果进行比较。

解：根据题意，酉变换 U 具有特征值 ± 1。假设特征值 ± 1 分别对应特征向量（本征态）$|a\rangle$ 和 $|b\rangle$，则 U 的谱分解为：

$$U = |a\rangle\langle a| - |b\rangle\langle b|$$

U 作用在状态 $|\psi\rangle$ 上,我们需要把 $|\psi\rangle$ 按照 U 的本征态集合 $\{|a\rangle,|b\rangle\}$ 展开,得到输入态:

$$|\psi\rangle = \alpha|a\rangle + \beta|b\rangle$$

上式显然是 Hermite 的。因为 Hermite 算子的特征值是实数,所以系统的可观测量也是实数,且观察的结果就是 U 的特征值(实数 ± 1)。利用相位估计过程(参照图 5-6 和图 5-7):

算法 量子相位估计

输入

(1) 对整数 j 进行受控 U^j 运算的黑盒;

(2) U 的具有特征值为 ± 1 的本征态 $|a\rangle$ 和 $|b\rangle$,$|\psi\rangle = \alpha|a\rangle + \beta|b\rangle$;

(3) 初始化为 $|0\rangle$ 的 $t=1$ 个量子比特。

输出 获取 φ 的 1 比特近似值 $\widetilde{\varphi}$。

运行时间 $O(t^2)$ 次操作和对受控 U^j 黑盒的一次调用,成功的概率至少是 $1-\varepsilon$。

过程

(1) $|0\rangle|\psi\rangle$ //初态

$$::\left\{\stackrel{t=1}{\Rightarrow}|0\rangle\left(\alpha|a\rangle + \beta|b\rangle\right)\right\}$$

(2) $\rightarrow \dfrac{1}{\sqrt{2^t}}\sum\limits_{j=0}^{2^t-1}|j\rangle|\psi\rangle$ //产生叠加

$$::\left\{\stackrel{t=1}{\Rightarrow}\dfrac{1}{\sqrt{2}}\sum\limits_{j=0}^{1}|j\rangle|\psi\rangle\right\}$$

(3) $\rightarrow \dfrac{1}{\sqrt{2^t}}\sum\limits_{j=0}^{2^t-1}|j\rangle U^j|\psi\rangle$ //应用黑盒

$$::\left\{\stackrel{t=1}{\Rightarrow}\dfrac{1}{\sqrt{2}}\left(|0\rangle U^0|\psi\rangle + |1\rangle U^1|\psi\rangle\right)\right.$$

第5章 量子 Fourier 变换及其应用的阅读辅导与习题练习

$$\Rightarrow \frac{1}{\sqrt{2}}\left(|0\rangle|\psi\rangle + |1\rangle U|\psi\rangle\right)$$

$$\xrightarrow{\text{代入}U\text{和}|\psi\rangle,\text{且变换}U\text{在}|1\rangle\text{时作用在}|\psi\rangle=\alpha|a\rangle+\beta|b\rangle\text{上}} \frac{1}{\sqrt{2}}\big(|0\rangle(\alpha|a\rangle+\beta|b\rangle) +$$

$$|1\rangle\big(|a\rangle\langle a|-|b\rangle\langle b|\big)(\alpha|a\rangle+\beta|b\rangle)\big)$$

$$\Rightarrow \frac{1}{\sqrt{2}}\big(\alpha|0\rangle|a\rangle + \beta|0\rangle|b\rangle + \alpha|1\rangle|a\rangle - \beta|1\rangle|b\rangle\big)\Bigg\}$$

$$= \frac{1}{\sqrt{2^t}} \sum_{j=0}^{2^t-1} e^{2\pi i j \varphi_u} |j\rangle|\psi\rangle \quad // \text{黑箱的结果}$$

$$\therefore \left\{ \Rightarrow \frac{1}{\sqrt{2}}\big(\alpha(|0\rangle+|1\rangle)|a\rangle + \beta(|0\rangle-|1\rangle)|b\rangle\big) \Rightarrow \frac{|0\rangle+|1\rangle}{\sqrt{2}}\alpha|a\rangle + \frac{|0\rangle-|1\rangle}{\sqrt{2}}\beta|b\rangle \right\}$$

(4) $\rightarrow |\widetilde{\varphi}_u\rangle|\psi\rangle$ \quad //应用逆 Fourier 变换

$$\therefore \left\{ \begin{array}{l} \xrightarrow{t=1,\text{逆Fourier变换}} \frac{1}{\sqrt{2}} \sum_{j=0}^{1} e^{2\pi i \varphi j}|j\rangle|u\rangle \\ \xrightarrow{\text{将逆Fourier变换作用在第一个量子比特上}} \frac{1}{\sqrt{2}} \sum_{j=0}^{1} e^{2\pi i \varphi j} \left(\frac{|0\rangle+|1\rangle}{\sqrt{2}}\alpha|a\rangle + \frac{|0\rangle-|1\rangle}{\sqrt{2}}\beta|b\rangle\right) \\ \Rightarrow (\alpha|0\rangle|a\rangle + \beta|1\rangle|b\rangle) \end{array} \right.$$

(5) $\rightarrow |\widetilde{\varphi}_u\rangle$ \quad //测量第一寄存器

$$\therefore \left\{ \begin{array}{l} \Rightarrow \text{通过测量第一寄存器}|\widetilde{\varphi}_u\rangle\text{可以使}|\psi\rangle\text{塌缩到}U\text{的两个本征态}|a\rangle \\ \text{或}|b\rangle\text{之一,并给出最终状态在哪个空间的一个经典指示器} \end{array} \right.$$

算法执行到第(4)步时:

$$\big(\alpha|0\rangle|a\rangle + \beta|1\rangle|b\rangle\big)$$

测量的结果就是 U 的特征值(实数±1)。所以测量第一寄存器时,或以 $\|\alpha\|^2$ 概率获得特征值 +1 的测量结果,其对应的特征向量为 $|0\rangle|a\rangle$,即 $|\psi\rangle$ 塌缩到 U

的两个本征空间中之一的 $|a\rangle$ 上；或以 $\|\beta\|^2$ 的概率获得特征值 -1 的测量结果，其对应的特征向量为 $|1\rangle|b\rangle$，即 $|\psi\rangle$ 塌缩到 U 的两个本征空间中之一的 $|b\rangle$ 上。

显然利用相位估计算法可以使状态 $|\psi\rangle=\alpha|a\rangle+\beta|b\rangle$ 塌缩到 U 的两个本征空间中之一，其结果与练习 4.34 的结果一致，因此构造一个量子线路如下：

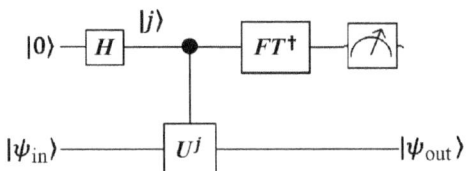

图 5-8 利用相位估计过程，构造一个量子线路

5.3 应用：求阶和因子问题

阅读内容

代数数论基础知识

设 n 是整数，如果存在整数 k 使得 $n=dk$，那么整数 d 整除 n（记作 $d|n$），这时称 d 为 n 的因子，当 d 不能整除 n 时，记作 $d \nmid n$。

每个正整数都可以唯一地表示为素数的乘积。

定理 D.1 （算术基本定理）令 a 为任意大于 1 的整数，则 a 具有素因子分解形式：

$$a = p_1^{a_1} p_2^{a_2} \cdots p_n^{a_n}$$

其中 $p_1, \cdots, p_n$ 是互不相同的素数，而 $a_1, \cdots, a_n$ 是正整数。而且，若不计因子顺序，则该素因子的分解式是唯一的。

第5章 量子Fourier变换及其应用的阅读辅导与习题练习

数论(模算术与Euclid算法)

两个整数的最大公因子(greatest common division, gcd):a 和 b 的最大公因子记作 $\gcd(a,b)$。求最大公因子的有效算法称为Euclid算法。

定理 D.2 (gcd的表示定理) a 和 b 的最大公因子是能够写成 $ax+by$ 形式的正整数中最小的一个,其中 x 和 y 是整数。

推论 D.3 设 c 可以整除 a 和 b,则 c 可以整除 $\gcd(a,b)$。

推论 D.4 令 n 是大于1的整数,一个整数 a 有模 n 的乘法逆,当且仅当 $\gcd(a,n)=1$,即 a 和 n 互质。

定理 D.5 令 a 和 b 是整数,并令 r 是 a 除以 b 的余数,那么只要 $r \neq 0$,必有:

$$\gcd(a,b)=\gcd(b,r)$$

定理 D.6 (中国剩余定理)设 $m_1,\cdots,m_n$ 是满足其中任何数对 m_i 和 m_j ($i \neq j$) 都互质的一组正整数,那么方程组

$$x=a_1(\bmod\ m_1)$$
$$x=a_2(\bmod\ m_2)$$
$$\vdots$$
$$x=a_n(\bmod\ m_n)$$

有解,并且该方程组的任何两个解都模 $M \equiv m_1 m_2 \cdots m_n$ 相等。

定理 D.7 设 p 是素数,且 k 是1到 $p-1$ 之间的整数,那么 p 整除 $\binom{p}{k}$。

定理 D.8 (费马小定理)设 p 是素数,a 是任意整数,那么 $a^p = a(\bmod\ p)$。如果 a 不能被 p 整除,那么 $a^{p-1}=1(\bmod\ p)$。

定理 D.9 设 a 与 n 互质,那么 $a^{\varphi(n)}=1(\bmod\ n)$。

注:此处 $\varphi(n)$ 表示Euler函数,$\varphi(n)$ 表示与 n 互质的,且小于 n 的正整数的个数。

定理 D.10　令 p 为奇素数，a 为正整数，则 $Z_{p^a}^*$ 是循环的。

数论（因子问题向求阶问题的归约）

定理 D.11　设 N 为 L 比特长的合数，x 是方程 $x^2 = 1 \pmod{N}$ 在 $1 \leqslant x \leqslant N$ 范围内的非平凡解，即既不满足 $x = 1 \pmod{N}$ 也不满足 $x = N-1 = -1 \pmod{N}$，那么 $\gcd(x-1, N)$ 和 $\gcd(x+1, N)$ 中至少有一个是 N 的非平凡因子，而且可以用 $O(L^3)$ 次运算得到。

定理 D.12　令 p 为奇素数，2^d 为整除 $\varphi(p^a)$ 的 2 的最高次幂，那么 2^d 整除从 $Z_{p^a}^*$ 中随机选取的元模 p^a 的阶的概率精确地为 $1/2$。

定理 D.13　设 $N = p_1^{a_1} \cdots p_m^{a_m}$ 是正奇合数的素因子分解，令 x 从 Z_N^* 中随机选取，而 r 为 x 模 N 的阶，则

$$p\left(r \text{ 为偶数且 } x^{r/2} \neq -1 \pmod{N}\right) \geqslant 1 - \frac{1}{2^m}$$

数论（连分式）

定理 D.14　设 x 是大于等于 1 的有理数，那么 x 具有连分式表达，$x = [a_0, \cdots, a_N]$，它可由连分式算法求出。

$$[a_0, \cdots, a_N] \equiv a_0 + \cfrac{1}{a_1 + \cfrac{1}{a_2 + \cfrac{1}{\cdots + \cfrac{1}{a_N}}}}$$

定理 D.15　令 $a_0, \cdots, a_N$ 为一正整数序列，那么

$$[a_0, \cdots, a_N] = \frac{p_n}{q_n}$$

其中 p_n 和 q_n 是递归定义的实数：$p_0 \equiv a_0, q_0 \equiv 1, p_1 \equiv 1 + a_0 a_1, q_1 \equiv a_1$，并且对 $2 \leqslant n \leqslant N$，有：

$$p_n \equiv a_n p_{n-1} + p_{n-2}$$

$$q_n \equiv a_n q_{n-1} + q_{n-2}$$

在 a_j 为正整数时，p_j 和 q_j 也是正整数。

定理 D.16 令 x 是有理数，且设 p/q 是有理数的，使得

$$\left|\frac{p}{q} - x\right| \leq \frac{1}{2q^2}$$

那么 p/q 是 x 的一个渐近连分式。

对满足 $x < N$，且无公因子的正整数 x 和 N，x 模 N 的阶定义为最小正整数 r，使得

$$x^r = 1 (\bmod N)$$

求阶的问题就是对特定的 x 和 N 确定阶。因为没有已知的，用给定问题的 $O(L)$ 比特的多项式规模资源算法求解该问题，人们相信求阶的问题在经典计算机上是一个困难的问题。其中 $L \equiv \lceil \log N \rceil$ 是给定 N 所需要的比特数。

定义 D.17 设 $(a, N) = 1$，满足 $a^r \equiv 1 (\bmod N)$ 的最小正整数 r（r 必存在）叫做整数 a 模 N 的阶。

5.3.1 应用：求阶

练习 5.10 证明 $x = 5$ 模 $N = 21$ 的阶是 6。

证明：简单计算，因为

$$5^1 = 5 (\bmod 21)$$
$$5^2 = 4 (\bmod 21)$$
$$5^3 = 20 (\bmod 21)$$
$$5^4 = 16 (\bmod 21)$$
$$5^5 = 17 (\bmod 21)$$
$$5^6 = 1 (\bmod 21)$$

所以，$x=5$ 模 $N=21$ 的阶是 6。

练习 5.11 证明 x 的模 N 的阶满足 $r\leqslant N$。

证明：根据整数 a 模 N 的阶的定义，假设整数 x 模 N 的阶为 r 且 $r>N$，则对于 $r=1,2,\cdots,N$ 显然都应有 $x^r\neq 1(\mathrm{mod}\ N)$。又因为取模运算 $x^r(\mathrm{mod}\ N)$ 的取值只可能是 $0,1,2,\cdots,N-1$ 中的某个整数之一，根据雀巢原理，在 $r=1,2,\cdots,N$ 中必有 $x^{r_1}=x^{r_2}(\mathrm{mod}\ N)$ 成立。于是 $x^{r_1}-x^{r_2}=0(\mathrm{mod}\ N)\Rightarrow x^{r_1}-x^{r_2}=kN$，且 k 是整数。因为 $x^{r_2}(x^{r_1-r_2}-1)=kN$，根据题意，$x$ 与 N 互质，x^{r_2} 也与 N 互质，所以 $(x^{r_1-r_2}-1)$ 必能整除 N，则有 $x^{r_1-r_2}=1(\mathrm{mod}\ N)$，于是 x 模 N 的阶为 $r_1-r_2\leqslant r$，与 x 模 N 的阶 r 是最小正整数的定义矛盾[或 $(r_1-r_2\leqslant N)$，与假设矛盾]，所以 x 的阶满足 $r\leqslant N$。

阅读内容

求阶的量子算法恰好是把相位估计算法应用到酉算子

$$U|y\rangle = |xy(\mathrm{mod}\ N)\rangle$$

其中 $y\in\{0,1\}^L$[注意这里和下面，当 $N\leqslant y\leqslant 2^L-1$ 时，约定 $xy(\mathrm{mod}\ N)$ 就是 y，即 U 的作用仅当 $0\leqslant y\leqslant N-1$ 时是不平凡的]。对于整数 $0\leqslant s\leqslant r-1$ 定义的状态：

$$|u_s\rangle \equiv \frac{1}{\sqrt{r}}\sum_{k=0}^{r-1}\exp\left(\frac{-2\pi isk}{r}\right)|x^k(\mathrm{mod}\ N)\rangle$$

是 U 的本征态，因为

$$U|u_s\rangle \equiv \frac{1}{\sqrt{r}}\sum_{k=0}^{r-1}\exp\left(\frac{-2\pi isk}{r}\right)|x^{k+1}(\mathrm{mod}\ N)\rangle$$

$$=\frac{1}{\sqrt{r}}\sum_{k=0}^{r-1}\exp\left(\frac{-2\pi is(k+1)}{r}\right)\exp\left(\frac{2\pi is}{r}\right)|x^{k+1}(\mathrm{mod}\ N)\rangle$$

$$=\exp\left(\frac{2\pi is}{r}\right)|u_s\rangle$$

利用相位估计，我们能够以高精度得到相应的特征值 $e^{2\pi i s/r}$，再花一点功夫就可以得到阶 r。

练习 5.12 证明 U 是酉的（提示：x 与 N 互质，于是有模 N 的逆）。

证明：根据阅读内容，知

① 当 $y, y' \geqslant N$ 时，根据题意 $|xy(\mathrm{mod}\ N)\rangle = |y\rangle$，则 $\langle y'|U^\dagger U|y\rangle = \langle y'|y\rangle = \delta_{yy'}$；

② 当 $y < N, y' \geqslant N$（或 $y \geqslant N$，$y' < N$）时，则 $\langle y'|U^\dagger U|y\rangle = \langle y'|xy(\mathrm{mod}\ N)\rangle = 0$；

③ 当 $y, y' < N$ 时，根据题意 U 的作用仅当 $0 \leqslant y \leqslant N-1$ 时是不平凡的，即：

$$U|y\rangle = |xy(\mathrm{mod}\ N)\rangle, \quad \langle y'|U^\dagger = \langle xy'(\mathrm{mod}\ N)|$$
$$\Rightarrow \langle y'|U^\dagger U|y\rangle = \langle xy'(\mathrm{mod}\ N)|xy(\mathrm{mod}\ N)\rangle$$

根据提示：x 与 N 互质，

$$xy = xy' (\mathrm{mod}\ N) \Leftrightarrow x(y-y') = 0 (\mathrm{mod}\ N) \Leftrightarrow x(y-y') = kN$$

则 $y - y' = 0 (\mathrm{mod}\ N)$，或者 $y = y'$ 或者 $y - y'$ 是 N 的整数倍，所以有 $\langle y'|U^\dagger U|y\rangle = \delta_{yy'}$。

于是 $U^\dagger U = I$，则 U 是酉的。

盒子 5.2　求模幂

在求阶算法中，如何计算相位估计算法的受控 U^{2^j} 运算的序列？即我们希望计算变换：

$$|z\rangle|y\rangle \to |z\rangle U^{z_t 2^{t-1}} \cdots U^{z_1 2^0}|y\rangle$$
$$= |z\rangle|x^{z_t 2^{t-1}} \times \cdots \times x^{z_1 2^0} y(\mathrm{mod}\ N)\rangle$$
$$= |z\rangle|x^z y(\mathrm{mod}\ N)\rangle$$

因此相位估计中用的受控 U^{2^j} 运算的序列等价于用一个求模幂 x^z (mod N) 乘以第二寄存器的内容,其中 z 是第一寄存器的内容。这个运算可以轻易地用可逆计算的技术来完成。基本思路是以可逆方式对第三寄存器中的 z 计算函数 x^z (mod N),并用退计算的技巧在完成计算后,擦除第三寄存器的内容。计算求模幂的算法分两个阶段。第一阶段通过 x 的平方对 N 取模,用带模乘法计算 x^2 (mod N),然后通过 x^2 的平方对 N 取模计算 x^4 (mod N),并如此一直计算下去,直到 $j = t-1$ 为止,计算所有的 x^{2^j} (mod N)。我们采用 $t = 2L + 1 + \lceil \log(2 + 1/(2\varepsilon)) \rceil = O(L)$,所以总共 $t - 1 = O(L)$ 个平方运算,每个需要 $O(L^2)$ 规模的费用(这个所谓的费用是假设用孩童时代所熟悉的乘法算法来实现的平方计算),第一阶段总的费用是 $O(L^3)$。第二阶段的算法基于我们已经注意到的事实:

$$x^z (\text{mod } N) = (x^{z_t 2^{t-1}} (\text{mod } N))(x^{z_{t-1} 2^{t-2}} (\text{mod } N)) \cdots (x^{z_1 2^0} (\text{mod } N))$$

通过进行每个代价为 $O(L^2)$ 的 $t - 1$ 个带模乘法,可以看到这个乘法可用 $O(L^3)$ 个门计算。这对我们的目的是足够有效的。利用 3.2.5 节的技术,可以直接构造一个带有 t 比特寄存器和 L 比特寄存器使用 $O(L^3)$ 个门的可逆线路,使得该可逆线路可以从输入 (z, y) 状态开始,直到输出 $(z, x^z y$ (mod N)) 状态为止。该线路可以转换为用 $O(L^3)$ 个门计算变换 $|z\rangle|y\rangle \to |z\rangle|x^z y (\text{mod } N)\rangle$ 的量子线路。

阅读内容

第二个要求需要一定技巧:为制备 $|u_s\rangle$,要求我们知道 r,这不可能。幸运的是,有一个聪明的观察,可以使我们回避制备 $|u_s\rangle$ 的问题,即:

$$\frac{1}{\sqrt{r}} \sum_{s=0}^{r-1} |u_s\rangle = |1\rangle$$

第5章 量子 Fourier 变换及其应用的阅读辅导与习题练习

在进行相位估计的过程中,如果第一寄存器用 $t=2L+1+\left\lceil\log\left(2+\dfrac{1}{2\varepsilon}\right)\right\rceil$ 个量子比特(参考图 5-8),并把第二寄存器制备成 $|1\rangle$ 状态——其构造是平凡的——则可知对每个在 0 到 $r-1$ 范围内的 s,我们都将以不小于 $(1-\varepsilon)/r$ 的概率得到相位 $\varphi=s/r$ 的精确到 $2L+1$ 比特的估计。求阶算法的框架如图 5-9 所示。

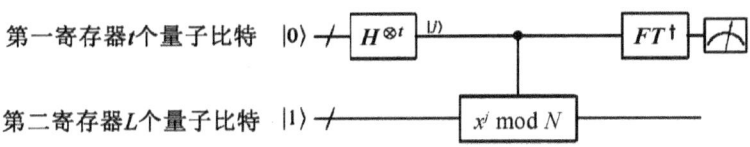

图 5-9 求阶算法的量子电路

[第二寄存器显示为初始化为 $|1\rangle$ 状态,但如果使用练习 5.14 的方法,可以将其初始化为 $|0\rangle$。]

练习 5.13 证明以下等式成立:

$$\frac{1}{\sqrt{r}}\sum_{s=0}^{r-1}|u_s\rangle=|1\rangle$$

提示:

$$\sum_{s=0}^{r-1}\exp(-2\pi\mathrm{i}sk/r)=r\delta_{k0}$$

即证明

$$\frac{1}{\sqrt{r}}\sum_{s=0}^{r-1}\mathrm{e}^{2\pi\mathrm{i}sk/r}|u_s\rangle=|x^k(\bmod N)\rangle$$

证明:根据题意和提示得:

$$\frac{1}{\sqrt{r}}\sum_{s=0}^{r-1}\mathrm{e}^{2\pi\mathrm{i}sk/r}|u_s\rangle=\frac{1}{\sqrt{r}}\sum_{s=0}^{r-1}\left(\mathrm{e}^{2\pi\mathrm{i}sk/r}\frac{1}{\sqrt{r}}\sum_{k=0}^{r-1}\mathrm{e}^{-2\pi\mathrm{i}sk/r}|x^k(\bmod N)\rangle\right)$$

$$=\frac{1}{r}\sum_{m=0}^{r-1}\sum_{s=0}^{r-1}\mathrm{e}^{2\pi\mathrm{i}s(k-m)/r}|x^m(\bmod N)\rangle$$

$$= \frac{1}{r} \sum_{m=0}^{r-1} r\delta_{(k-m)0} |x^m (\mathrm{mod}\ N)\rangle$$

$$= |x^k (\mathrm{mod}\ N)\rangle$$

另:

$$\frac{1}{\sqrt{r}} \sum_{s=0}^{r-1} |u_s\rangle = \frac{1}{\sqrt{r}} \sum_{s=0}^{r-1} \left[\frac{1}{\sqrt{r}} \sum_{k=0}^{r-1} \exp\left(\frac{-2\pi i s k}{r}\right) |x^k (\mathrm{mod}\ N)\rangle \right]$$

$$= \frac{1}{r} \sum_{s=0}^{r-1} \sum_{k=0}^{r-1} \exp\left(\frac{-2\pi i s k}{r}\right) |x^k (\mathrm{mod}\ N)\rangle$$

$$= \frac{1}{r} \sum_{k=0}^{r-1} \left[\sum_{s=0}^{r-1} \exp\left(\frac{-2\pi i s k}{r}\right) \right] |x^k (\mathrm{mod}\ N)\rangle$$

$$= \frac{1}{r} \sum_{k=0}^{r-1} r\delta_{k0} |x^k (\mathrm{mod}\ N)\rangle$$

$$= \sum_{k=0}^{r-1} \delta_{k0} |x^k (\mathrm{mod}\ N)\rangle$$

$$= |1\rangle$$

练习 5.14 若我们将第二寄存器初始化为 $|1\rangle$,在逆 Fourier 变换之前,求阶算法产生的量子状态是:

$$|\psi\rangle = \sum_{j=0}^{2^t-1} |j\rangle U^j |1\rangle = \sum_{j=0}^{2^t-1} |j\rangle |x^j (\mathrm{mod}\ N)\rangle$$

证明如果我们把 U^j 替换为酉变换 V,V 计算的方式如下:

$$V|j\rangle|k\rangle = |j\rangle|k + x^j (\mathrm{mod}\ N)\rangle$$

且让第二寄存器从 $|0\rangle$ 开始,将得到同样的状态。同时说明如何仍用 $O(L^3)$ 个门构造 V。

证明:求阶量子算法中相位估计算法的酉算子定义如下:

第5章 量子 Fourier 变换及其应用的阅读辅导与习题练习

$$U|y\rangle \equiv |xy(\bmod N)\rangle$$

根据图 5-6 和图 5-9 的提示，在相位估计中将 U^j 替换为酉变换 V，V 计算的方式为：

$$V|j\rangle|k\rangle = |j\rangle|k + x^j(\bmod N)\rangle$$

根据题意，令第二寄存器从 $|0\rangle$ 开始，在逆 Fourier 变换之前，求阶算法产生的量子状态是：

$$|\psi\rangle = V\sum_{j=0}^{2^t-1}|j\rangle|0\rangle = \sum_{j=0}^{2^t-1}V|j\rangle|0\rangle = \sum_{j=0}^{2^t-1}|j\rangle|0+x^j(\bmod N)\rangle$$

$$= \sum_{j=0}^{2^t-1}|j\rangle|x^j(\bmod N)\rangle = |0\rangle|x^0(\bmod N)\rangle + |1\rangle|x^1(\bmod N)\rangle +$$

$$\cdots + |2^t-1\rangle|x^{2^t-1}(\bmod N)\rangle$$

显然与第二寄存器初始化为 $|1\rangle$ 采用 U^j 变换的结果一致。

考虑相位估计算法中的 φ 精确到 $t - \lceil \log(2 + 1/(2\varepsilon))\rceil$ 比特，成功概率至少为 $1-\varepsilon$ 的近似，因此第一寄存器取 t 量子比特，第二寄存器取 L 量子比特，且 $t = 2L + 1 + \lceil \log(2 + 1/(2\varepsilon))\rceil$。

根据图 5-6，显然第一寄存器中的 Hadamard 变换需要 $O(L)$ 个门，Fourier 变换需要 $O(L^2)$ 个门，量子线路的主要资源消耗是求模幂乘法，需要 $O(L^3)$ 个门，所以 V 可用 $O(L^3)$ 个门计算完成。

阅读内容

求阶到相位估计的归约可由从描述相位估计的结果 $\varphi \approx s/r$ 中如何得到期望答案 r 而完成。我们虽然只知道 φ 近似到 $2L+1$ 位，但我们预先还知道它是一个有理数，即两个有界整数之比，而且如果能计算出离 φ 最近的这样的分数，或许可以得到 r。

定理 5.1 设 s/r 是一个使得

$$|s/r - \varphi| \leqslant \frac{1}{2r^2}$$

的有理数,则 s/r 是 φ 的连分式的一个渐近值,因此可以用连分式算法在 $O(L^3)$ 个运算之内计算。

由于 φ 是 s/r 精确到 $2L+1$ 位的一个近似,从 $r \leqslant N \leqslant 2^L$ 可知,

$$|s/r - \varphi| \leqslant 2^{-2L-1} \leqslant \frac{1}{2r^2}$$

因此定理成立。

总之,给定 φ,连分式算法可有效地产生出没有公因子的数 s' 和 r',使得 $s'/r' = s/r$,数 r' 是阶的候选对象。可以通过计算 $x^{r'} \pmod{N}$,看结果是否为 1 来检查它是否为阶。如果是,那么 r' 是 x 模 N 的阶,我们的任务就完成了。

盒子 5.3　连分式算法

连分式算法的思想是只用整数把实数描述为如下形式:

$$[a_0, a_1, \cdots, a_M] = a_0 + \cfrac{1}{a_1 + \cfrac{1}{a_2 + \cfrac{1}{\cdots + \cfrac{1}{a_M}}}}$$

其中,$a_0, a_1, \cdots, a_M$ 是正整数(对量子计算的应用假设允许 $a_0 = 0$,即整数部分为 0 的纯小数),我们定义这个连分式的第 m 个渐近值 $(0 \leqslant m \leqslant M)$ 为 $[a_0, a_1, \cdots, a_m]$。连分式算法是一个确定任意实数连分式的方法,通过下面的例子很容易明白。设我们试图把 $31/13$ 分解为连分式。第一步是把 $31/13$ 分成整数的分数部分:

$$\frac{31}{13} = 2 + \frac{5}{13}$$

下面把分数部分倒过来,得到:

$$\frac{31}{13} = 2 + \frac{1}{\frac{13}{5}}$$

这些步骤——分开接着倒转——应用到 13/5，得出：

$$\frac{31}{13}=2+\cfrac{1}{2+\cfrac{3}{5}}=2+\cfrac{1}{2+\cfrac{1}{\cfrac{5}{3}}}$$

下面分开和倒转 5/3，得到：

$$\frac{31}{13}=2+\cfrac{1}{2+\cfrac{1}{1+\cfrac{2}{3}}}=2+\cfrac{1}{2+\cfrac{1}{1+\cfrac{1}{\cfrac{3}{2}}}}$$

连分式分解现在终止了，因为

$$\frac{3}{2}=1+\frac{1}{2}$$

可以写成一个分子是 1 的形式而不需要倒转，这就给出了 31/13 的最终连分式表示：

$$\frac{31}{13}=2+\cfrac{1}{2+\cfrac{1}{1+\cfrac{1}{1+\cfrac{1}{2}}}}$$

显然，任何有理数连分式算法的有限步分开和倒转后算法将终止，因为每做一次分开和倒转出现的分子是严格递减的（例子中是 31，5，3，2，1）。这个过程终止的速度有多快？事实上，如果 $\varphi=s/r$ 是一个有理数，并且 s 和 r 是 L 比特的整数，那么 φ 的连分式展开可以用 $O(L^3)$ 步运算计算——$O(L)$ 分开和倒转步骤，每个步骤用 $O(L^2)$ 个基本算术门。

练习 5.15 证明正整数 x 和 y 的最小公倍数是 $xy/\gcd(x,y)$,其中 $\gcd(x,y)$ 表示 x,y 的最大公因子。因此若 x 和 y 是 L 比特数,则可以在 $O(L^2)$ 步运算内算出。

证明:设

$$p = \frac{xy}{\gcd(x,y)}$$

因为 $\gcd(x,y)|x$,且 $y|p,x|p$,所以 p 是 x 和 y 的公倍数。假设存在另一个公倍数 $q<p$,那么 $y|q,x|q$。设

$$\frac{xy}{q} = \frac{m}{n}$$

其中 m 和 n 互质,则

$$q = \frac{xyn}{m}$$

因为 $x|q$,所以 $\frac{yn}{m}$ 必为整数。又因为 m 和 n 互质,必有 $m|y$。同理 $m|x$,于是 m 是 x 和 y 的公因子,但

$$m = \frac{xyn}{q} > \frac{xy}{p} = \gcd(x,y)$$

矛盾。故

$$\frac{xy}{\gcd(x,y)} = \operatorname{lcm}(x,y)$$

阅读内容

解析获得正确 r 近似的概率。思路是把相位估计重复两次,第一次得到 r'_1, s'_1,第二次得到 r'_2, s'_2。假设 s'_1 和 s'_2 没有公因子,r 可以通过取 r'_1 和 r'_2 的最小公倍数得到。s'_1 和 s'_2 没有公因子的概率为:

$$1 - \sum_q p(q|s_1')p(q|s_2')$$

其中的和为所有素数 q 之和，$p(x|y)$ 表示 x 整除 y 的概率。如果 q 整除 s_1'，则它也能整除真正的 s，第一次迭代的 s_1，故为了估计 $p(q|s_1')$ 的上界，只要估计 $p(q|s_1)$ 的上界即可，其中 s_1 是 0 到 $r-1$ 中按均匀分布选出的。容易看出 $p(q|s_1) \leqslant 1/q$，因此 $p(q|s_1') \leqslant 1/q$。类似地，$p(q|s_2') \leqslant 1/q$，于是 s_1' 和 s_2' 没有公因子的概率是：

$$1 - \sum_q p(q|s_1')p(q|s_2') \geqslant 1 - \sum_q \frac{1}{q^2} \tag{5.21}$$

式(5.21)右边的项可以用不同的方法估计上界。

练习 5.16 对所有的 $x \geqslant 2$，证明 $\int_x^{x+1} 1/y^2 \mathrm{d}y \geqslant 2/3x^2$。

证明式(5.22)成立

$$\sum_q \frac{1}{q^2} \leqslant \frac{3}{2} \int_2^\infty \frac{1}{y^2} \mathrm{d}y = \frac{3}{4} \tag{5.22}$$

由式(5.22)，可知式(5.23)亦成立。

$$1 - \sum_q p(q|s_1')p(q|s_2') \geqslant \frac{1}{4} \tag{5.23}$$

证明：根据题意，对所有的 $x \geqslant 2$，有：

$$\int_x^{x+1} \frac{1}{y^2} \mathrm{d}y = \left(-\frac{1}{y}\right)\Big|_x^{x+1} = -\frac{1}{x+1} + \frac{1}{x} = \frac{1}{x(x+1)} = \frac{2}{2x^2+2x} \geqslant \frac{2}{3x^2}$$

$$\sum_q \frac{1}{q^2} \leqslant \sum_q \frac{3}{2} \int_q^{q+1} \frac{1}{y^2} \mathrm{d}y \leqslant \frac{3}{2} \int_2^\infty \frac{1}{y^2} \mathrm{d}y = \frac{3}{4}$$

根据上面阅读内容解析出的结果：$p(q|s_1) \leqslant 1/q$ 以及 $p(q|s_2') \leqslant 1/q$，再依据题设条件，知 s_1' 和 s_2' 没有公因子的概率满足不等式(5.21)：

$$1-\sum_q p(q|s_1')p(q|s_2') \geqslant 1-\sum_q \frac{1}{q^2}$$

所以有以下的不等式成立：

$$1-\sum_q p(q|s_1')p(q|s_2') \geqslant 1-\sum_q \frac{1}{q^2} \geqslant 1-\frac{3}{4}=\frac{1}{4}$$

即用相位估计法求 x 模 N 的阶 $[x^r = 1(\text{mod } N)]$ 得到正确 r 的概率至少为 1/4。

阅读内容

算法　量子求阶

输入

(1) 对与 L 比特数 N 互质的数 x，执行一个 $\mathbf{U}_{x,N}$ 的黑盒变换：$|j\rangle|k\rangle \rightarrow |j\rangle|x^j k(\text{mod } N)\rangle$；

(2) 初始化 $t = 2L+1+\lceil \log(2+1/(2\varepsilon)) \rceil$ 个状态为 $|0\rangle$ 的量子比特；

(3) 初始化 L 个状态为 $|1\rangle$ 的量子比特。

输出　最小的整数 $r > 0$，使 $x^r = 1(\text{mod } N)$

运行时间　执行 $O(L^3)$ 个运算，成功的概率是 $O(1)$。

过程

(1) $|0\rangle|1\rangle$ 　　　　　　　　//初始状态

(2) $\rightarrow \dfrac{1}{\sqrt{2^t}} \sum_{j=0}^{2^t-1} |j\rangle|1\rangle$ 　　　　//产生叠加

(3) $\rightarrow \dfrac{1}{\sqrt{2^t}} \sum_{j=0}^{2^t-1} |j\rangle|x^j(\text{mod } N)\rangle$ //应用 $\mathbf{U}_{x,N}$

$\approx \dfrac{1}{\sqrt{r2^t}} \sum_{s=0}^{r-1} \sum_{j=0}^{2^t-1} e^{2\pi i s j/r} |j\rangle|u_s\rangle$

(4) $\rightarrow \dfrac{1}{\sqrt{r}} \sum_{s=0}^{r-1} |\widetilde{s/r}\rangle|u_s\rangle$ 　　　　//应用逆 Fourier 变换到第一寄存器的状态

(5) $\to \widetilde{s/r}$ //测量第一寄存器的状态

(6) $\to r$ //应用连分式算法

5.3.2 应用：因子分解

区分素数和合数，以及将合数分解为素因子的问题，是整个算术中最重要和最有用的一个问题。

把因子问题归结为求阶的过程分成两个基本步骤：第一步是证明如果我们能够找到方程 $x^2 = 1 (\bmod N)$ 的一个非平凡解 $x \neq \pm 1 (\bmod N)$，那么我们就可以计算出 N 的一个因子；第二步是证明随机选择一个与 N 互质的 y 很可能具有偶数的阶 r，并且使得 $y^{r/2} \neq \pm 1 (\bmod N)$，因此 $x \equiv y^{r/2} (\bmod N)$ 是 $x^2 = 1 (\bmod N)$ 的一个非平凡解。

定理 5.2 设 N 是一个 L 比特的合数，而 x 是方程 $x^2 = 1 (\bmod N)$ 在整数范围 $1 \leqslant x \leqslant N$ 内的一个非平凡解，即，既不满足 $x = 1 (\bmod N)$，也不满足 $x = N - 1 = -1 (\bmod N)$，则用 $O(L^3)$ 步可计算出的 $\gcd(x-1, N)$ 和 $\gcd(x+1, N)$ 中至少有一个是 N 的非平凡因子。

定理 5.3 设 $N = p_1^{\alpha_1} \cdots p_m^{\alpha_m}$ 是一个正奇合数的素因子分解，令 x 是在 $1 \leqslant x \leqslant N-1$ 内均匀随机选出的整数，且 x 与 N 互质，令 r 是 x 模 N 的阶，则：

$$p\left(r\text{ 是偶数，且 } x^{r/2} \neq -1 (\bmod N)\right) \geqslant 1 - \frac{1}{2^m}$$

算法 因子分解到求阶的归纳

输入 一个合数 N。

输出 N 的一个非平凡因子。

运行时间 执行 $O((\log N)^3)$ 步运算，成功的概率是 $O(1)$。

过程

(1) 若 N 是偶数，返回因子 2。

(2) 确定对 $a \geqslant 1$ 和 $b \geqslant 2$ 是否有 $N = a^b$，如果是，返回因子 a。

(3) 随机地在 1 到 $N-1$ 范围内选择 x，若 $\gcd(x,N)>1$，则返回因子 $\gcd(x,N)$。

(4) 利用求阶子程序，求 x 模 N 的阶 r。

(5) 若 r 是偶数且 $x^{r/2}\neq -1(\bmod\ N)$，则计算 $\gcd(x^{r/2}-1,N)$ 和 $\gcd(x^{r/2}+1,N)$，并且测量出这两个数中哪个是非平凡因子，如果有一个是因子，那么返回该数。否则，算法失败。

算法的第(1)步和第(2)步要么返回一个因子，要么保证 N 是一个包含多于一个素因子的奇数，这些步骤可以分别用 $O(1)$ 和 $O(L^3)$ 步运算完成。第(3)步要么返回一个因子，要么随机从 $\{0,1,2,\cdots,N-1\}$ 中抽出一个 x。第(4)步调用求阶子程序，计算 x 模 N 的阶 r。第(5)步结束算法，因为定理 5.3 以至少 1/2 的概率保证 r 为偶数且 $x^{r/2}\neq -1(\bmod\ N)$，所以定理 5.2 保证要么 $\gcd(x^{r/2}-1,N)$，要么 $\gcd(x^{r/2}+1,N)$ 是 N 的一个非平凡因子。

练习 5.17 设 N 为 L 比特长。本练习的目的是找出一个有效的经典算法，判定 $N=a^b$ 是否对某些整数 $a\geqslant 1$ 和 $b\geqslant 2$ 成立。这可以按如下步骤达到。

(1) 证明若这样的 b 存在，则必满足 $b\leqslant L$。

(2) 证明为计算 $\log_2 N$，对 $b\leqslant L$ 计算 $x=y/b$，以及计算两个最接近 2^x 的整数 u_1 和 u_2，至多需要 $O(L^2)$ 步运算。

(3) 证明为计算 u_1^b 和 u_2^b（反复使用平方）以及检查它们是否等于 N，至多需要 $O(L^2)$ 步运算。

(4) 将前面的结果结合起来给出一个 $O(L^3)$ 算法，以判定 $N=a^b$ 是否对整数 a 和 b 成立。

证明：

(1) 已知 N 是合数，根据题意，若有这样的 b 存在使得 $N=a^b$，则必有 $a\geqslant 2$，所以

$$b=\log_a N\leqslant \log N=L$$

(2) 根据题意：$y=\log_2 N$，需要 $O(L)$ 步移位操作；对 $b \leqslant L$ 计算 $x=y/b$，完成除法需要 $O(L^2)$ 步运算；计算两个最接近 2^x 的整数 u_1 和 u_2，x 的计算需要 $O(L)$ 步移位操作。因此至多需要 $O(L^2)$ 步运算。

(3)
$$\sum_{i=0}^{O(\log b)} (2^i O(x))^2 = O(x^2) \sum_{i=0}^{O(\log b)} 4^i = O(x^2) \frac{1-4^{O(\log b)}}{1-4} \Rightarrow O(x^2 b^2)$$
$$= O(y^2) = O(L^2)$$

注：上式推导中用平方求幂计算 u_1^b 时，u_1 约有 x 位，每次平方位数大约变为 2 位。

(4) 对于每个 $2 \leqslant b \leqslant L$，执行(2)和(3)中的步骤，判定 $N=a^b$ 对整数 a 和 b 成立需要完成的操作步数为 $O(L) \times O(L^2) \equiv O(L^3)$。

盒子 5.4　以量子力学方式因子分解 15

通过对 $N=15$ 分解因子，来说明利用求阶、相位估计和连分式展开的量子因子分解算法。首先，选择与 N 没有公因子的一个随机数，假设选 $x=7$。其次，我们用量子求阶算法计算 x 相对 N 的阶：从状态 $|0\rangle|0\rangle$ 开始，并通过应用 $t=11$，Hadamard 变换到第一寄存器产生状态：

$$\frac{1}{\sqrt{2^t}} \sum_{k=0}^{2^t-1} |k\rangle|0\rangle = \frac{1}{\sqrt{2^t}}(|0\rangle+|1\rangle+|2\rangle+\cdots+|2^t-1\rangle)|0\rangle$$

选择这样的 t，保证了误差概率 ε 至多为 $1/4$。然后，计算 $f(k)=x^k \bmod N$，并把结果放在第二寄存器中：

$$\frac{1}{\sqrt{2^t}} \sum_{k=0}^{2^t-1} |k\rangle|x^k \bmod N\rangle$$
$$= \frac{1}{\sqrt{2^t}}(|0\rangle|1\rangle+|1\rangle|7\rangle+|2\rangle|4\rangle+|3\rangle|13\rangle+$$
$$|4\rangle|1\rangle+|5\rangle|7\rangle+|6\rangle|4\rangle+\cdots)$$

最后应用逆 Fourier 变换 $FT^\dagger$ 到第一寄存器,并测量它。分析所得结果分布的一个方法是,计算第一寄存器的约化概率密度函数,并对它应用 $FT^\dagger$,然后计算测量统计量。不过,因为第二寄存器上没有进一步的运算,所以我们可以应用隐含测量原理,假设第二寄存器也被测量,得到 1,7,4,13 的随机结果。设我们得到 4(任何结果都可以),这意味着输入 $FT^\dagger$ 的状态应该是:

$$\sqrt{\frac{4}{2^t}}(|2\rangle + |6\rangle + |10\rangle + |14\rangle + \cdots)$$

应用 $FT^\dagger$ 后,我们对 $2^t = 2\,048$ 绘出的概率分布如下图所示。

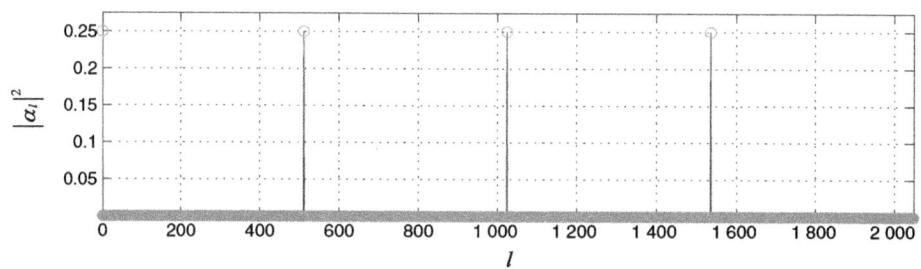

进而得到某个状态 $\sum_l \alpha_l |l\rangle$。于是最终测量以几乎恰好每个 1/4 的概率给出 $0, 512, 1\,024, 1\,536$ 中的一个结果。假设我们得到 $l = 1\,536$,那么计算连分式展开就得出 $1\,536/2\,048 = 1/[1+(1/3)]$,这样 3/4 就成为展开的一个渐近值,$r = 4$ 就是 $x = 7$ 的阶。碰巧的是,r 是偶数,且

$$x^{r/2} (\bmod N) = 7^2 (\bmod 15) = 4 \neq -1 (\bmod 15)$$

于是算法奏效。计算最大公因子

$$\gcd(x^2 - 1, 15) = 3 \text{ 和 } \gcd(x^2 + 1, 15) = 5$$

给出 $15 = 3 \times 5$。

练习 5.18 （因子分解 91）假设我们希望因子分解 $N=91$。验证第(1)步和第(2)步会通过。对第(3)步，设我们选择 $x=4$，它与 91 互质。计算 x 相对 N 的阶，并证明

$$x^{r/2} (\mathrm{mod}\ 91) = 64 \neq -1 (\mathrm{mod}\ 91)$$

因此算法会成功，并给出

$$\gcd(64-1, 91) = 7$$

证明：

1. 91 是奇数。

2. 91 的非平凡因子为 7 和 13，但显然不存在这样的 $b \geqslant 2$，使得 $7^b = 91$ 或 $13^b = 91$。

则根据题意，选择 $x=4$，它与 91 互质。计算 x 相对 N 的阶：

$$4^6 = 1 (\mathrm{mod}\ 91)$$

则 x 相对 N 的阶是 6。又因为 $r=6$ 是偶数，且

$$4^{6/2} (\mathrm{mod}\ 91) = 64 \neq -1 (\mathrm{mod}\ 91)$$

所以求 $\gcd(64-1, 91)$。因为 63 的非平凡因子为：3,7,9,21,91 的非平凡因子为：7,13，所以

$$\gcd(64-1, 91) = 7, \gcd(64+1, 91) = 13$$

练习 5.19 证明 $N=15$ 是需要用到求阶子程序的最小数，也就是说，它是既非偶数又非某个更小整数的幂的最小的合数。

证明： 如果一个大于 1 的整数，除了 1 和它本身外，还有其他因数，那么这个数就称为合数。最小的(偶)合数为 4，最小的奇合数为 9。显然所有大于 2 的偶数都是合数。

因为 1,2,3,5,7,11,13 都是素数,4,6,8,10,12,14 都是偶数,$9=3^2$,所以 $N=15$ 是需要用到求阶子程序的最小数,是既非偶数又非某个更小整数的幂的最小的合数。

5.4 量子 Fourier 变换的一般应用

5.4.1 求周期问题

阅读内容

引入状态:

$$|\hat{f}(l)\rangle \equiv \frac{1}{\sqrt{r}} \sum_{x=0}^{r-1} e^{-2\pi i l x / r} |f(x)\rangle$$

$|\hat{f}(l)\rangle$ 是 $|f(x)\rangle$ 的 Fourier 变换,即:

$$|f(x)\rangle = \frac{1}{\sqrt{r}} \sum_{l=0}^{r-1} e^{2\pi i l x / r} |\hat{f}(l)\rangle$$

注意 x 是 r 的整数倍时,

$$\sum_{l=0}^{r-1} e^{-2\pi i l x / r} = r$$

其他情况为 0 时,容易验证此式。

盒子 5.5　Fourier 变换的移不变性质

Fourier 变换式(5.1),有一个有趣而且非常有用的性质,称为移不变性质。为使用描述这个性质更一般应用的记号,我们把量子 Fourier 变换描述为:

$$\sum_{h \in H} \alpha_h |h\rangle \rightarrow \sum_{g \in G} \tilde{\alpha}_g |g\rangle$$

其中

$$\tilde{\alpha}_g = \sum_{h \in H} \alpha_h \exp(2\pi i g h / |G|)$$

H 是 G 的某个子集，G 是 Hilbert 空间标准正交基状态的指标集。例如，对 n 量子比特系统，G 可以是 0 到 $2^n - 1$ 的数的集合，$|G|$ 表示 G 中元素的个数。设我们对初态应用执行酉变换

$$U_k |g\rangle = |g+k\rangle$$

的算子 U_k，然后应用 Fourier 变换，其结果为：

$$U_k \sum_{h \in H} \alpha_h |h\rangle = \sum_{h \in H} \alpha_h |h+k\rangle \to \sum_{g \in G} e^{2\pi i g k/|G|} \tilde{\alpha}_g |g\rangle$$

不论 k 是什么，$|g\rangle$ 幅度的大小都不变，即 $|\exp(2\pi i g h/|G|) \tilde{\alpha}_g| = |\tilde{\alpha}_g|$。以群论的语言来说，$G$ 是一个群，H 是 G 的一个子群，如果一个 G 上的函数 f 在 H 的陪集上是常数，那么我们就说 f 的 Fourier 变换在 H 的陪集上是不变的。

练习 5.20 设 $f(x+r) = f(x)$，且 $0 \leqslant x < N$，N 是 r 的一个整倍数，计算：

$$\hat{f}(l) \equiv \frac{1}{\sqrt{N}} \sum_{x=0}^{N-1} e^{-2\pi i l x/N} f(x)$$

并将此结果与下式：

$$|\hat{f}(l)\rangle \equiv \frac{1}{\sqrt{r}} \sum_{x=0}^{r-1} e^{-2\pi i l x/r} |f(x)\rangle$$

联系起来，其中用到如下事实：

$$\sum_{k \in \{0, r, 2r, \cdots, N-r\}} e^{2\pi i k l/N} = \begin{cases} N/r, & l \text{ 是 } N/r \text{ 的整倍数} \\ 0, & \text{其他} \end{cases}$$

解：已知 $0 \leqslant x < N$，N 是 r 的一个整倍数，令 $N/r = m$。当 l 是 N/r 的整倍数时，令 $l/\left(\dfrac{N}{r}\right) = l/m = \mu$，则：

$$\hat{f}(l) = \frac{1}{\sqrt{N}} \sum_{x=0}^{N-1} e^{-2\pi i l k/N} f(x) = \frac{1}{\sqrt{N}} \sum_{k \in \{0, r, 2r, \cdots, N-r\}} \sum_{x=0}^{r-1} e^{-2\pi i l(x+k)/N} f(x)$$

$$= \frac{1}{\sqrt{N}} \sum_{x=0}^{r-1} \left(e^{-2\pi i l x/N} \times \sum_{k \in \{0, r, 2r, \cdots, N-r\}} e^{-2\pi i l k/N} \times f(x) \right)$$

$$= \frac{1}{\sqrt{N}} \sum_{x=0}^{r-1} \left(e^{-2\pi i l x/N} \times \sum_{k \in \{0, r, 2r, \cdots, (m-1)r\}} e^{-2\pi i \mu k/r} \times f(x) \right)$$

$$= \frac{1}{\sqrt{N}} \sum_{x=0}^{r-1} \left(e^{-2\pi i l x/N} \times m \times f(x) \right)$$

$$\xrightarrow{\text{显然当}l\text{是}N/r\text{的整倍数时，}\Sigma\text{等于}N/r\text{；其他时等于}0} \frac{1}{\sqrt{N}} \sum_{x=0}^{r-1} \left(e^{-2\pi i l x/N} \times (N/r) \times f(x) \right)$$

$$= \begin{cases} \dfrac{\sqrt{N}}{r} \sum\limits_{x=0}^{r-1} e^{-2\pi i \cdot \frac{l}{N/r} \cdot \frac{x}{r}} f(x), & l \text{ 是 } N/r \text{ 的整倍数} \\ 0, & \text{其他} \end{cases}$$

$$= \begin{cases} \dfrac{\sqrt{N}}{r} \sum\limits_{x=0}^{r-1} e^{-2\pi i \mu x/r} f(x), & l \text{ 是 } N/r \text{ 的整倍数} \\ 0, & \text{其他} \end{cases}$$

$$= \begin{cases} \dfrac{\sqrt{N}}{\sqrt{r}} |\hat{f}(\mu)\rangle, & l \text{ 是 } N/r \text{ 的整倍数} \\ 0, & \text{其他} \end{cases}$$

$$= \begin{cases} \sqrt{m} \, |\hat{f}(\mu)\rangle, & l \text{ 是 } N/r \text{ 的整倍数} \\ 0, & \text{其他} \end{cases}$$

练习 5.21 （求周期与相位估计）设为上述周期函数，给定一个执行变换 U_y $|f(x)\rangle = |f(x+y)\rangle$ 的酉算子 U_y。

(1) 证明 U_y 的特征向量是 $|\hat{f}(l)\rangle$，并计算其特征值。

(2) 证明对某个 x_0 给定 $|f(x_0)\rangle$，U_y 可被用来实现与求周期问题中的 U 一样有用的黑箱。

证明： 根据题意，已知 $f(x)$ 为周期函数，设 $f(x+r) = f(x)$。

(1)

$$U_y |\hat{f}(l)\rangle = U_y \frac{1}{\sqrt{r}} \sum_{x=0}^{r-1} e^{-2\pi i l x/r} |f(x)\rangle$$

$$= \frac{1}{\sqrt{r}} \sum_{x=0}^{r-1} e^{-2\pi i l x/r} |f(x+y)\rangle$$

$$= e^{2\pi i l y/r} \frac{1}{\sqrt{r}} \sum_{x=0}^{r-1} e^{-2\pi i l (x+y)/r} |f(x+y)\rangle$$

$$= e^{2\pi i l y/r} \frac{1}{\sqrt{r}} \sum_{x+y=\{0+y,\ 1+y,\ \cdots,\ r-1+y\}} e^{-2\pi i l (x+y)/r} |f(x+y)\rangle$$

$$\xrightarrow{f(x) \text{是在} U_y \text{的作用下关于} y \text{的周期函数}} e^{2\pi i l y/r} \frac{1}{\sqrt{r}} \sum_{x=0}^{r-1} e^{-2\pi i l x/r} |f(x)\rangle$$

$$= e^{2\pi i l y/r} |\hat{f}(l)\rangle$$

即 U_y 的特征向量是 $|\hat{f}(l)\rangle$，其对应的特征值为 $e^{2\pi i l y/r}$。

(2)

$$|f(x_0)\rangle = \frac{1}{\sqrt{r}} \sum_{l=0}^{r-1} e^{2\pi i l x_0/r} |\hat{f}(l)\rangle$$

所以只需要 x_0 与 r 互质即可，如 $x_0 = 1$。

5.4.2 离散对数问题

阅读内容

考虑函数 $f(x_1, x_2) = a^{sx_1 + x_2} \pmod{N}$，其中所有变量都是整数，$r$ 是使得

$a^r \pmod N = 1$ 的最小正整数。这个函数是周期的,因为 $f(x_1+l, x_2-sl) = f(x_1, x_2)$,但现在周期是二元的 $(l, -sl)$,其中 l 是整数。这个函数看起来很奇怪,但它对密码系统很有用,因为确定 s 就可以解离散对数问题。

离散对数的问题是:给定 a 和 $b = a^s$,问:s 是多少?

在整数中,离散对数是基于同余运算和原根的一种对数运算,涉及初等代数数论,有一定的难度。为了解题,我们需要了解以下的一些内容。

公开密钥体制中离散对数(单向函数)的设计方案:设 p 是一个大素数,g 是模 p 的一个原根,则每个整数 $a(1 \leqslant a \leqslant p-1)$ 都是 p 同余于 g 的方幂:

$$a \equiv g^i \pmod p, \quad 0 \leqslant i \leqslant p-2$$

其中 $i = \text{ind}_g(a)$ 是 a 对于原根 g 的模 p 指数,也叫作 a 是模 p 的离散对数。

对于固定的素数 p,由 g 和 i 计算 a 是容易的。反过来,当 p 很大时,由 g 和 a 计算离散对数 i 则非常困难,目前没有多项式算法。

1985 年 ElGamal 提出了一个采用离散对数的数字签名方案。ElGamal 公开密钥的密码体制是基于有限域中离散对数问题的难解性。它所根据的原理是:求解离散对数是困难的,而其逆运算可以应用平方乘的方法有效地计算出来。在相应的群 G 中,指数函数是单向函数。

离散对数的数字签名方案的数学模型可以描述如下:

用户 A 选一个大素数 p 和模 p 的一个原根 g,再取整数 $i(0 \leqslant i \leqslant p-2)$,计算 $b \equiv g^i \pmod p (0 \leqslant b \leqslant p-1)$。把 p, g, b 公开,而 i 由用户 A 自己保守秘密。

用户 A 发送信息 $x(0 \leqslant x \leqslant p-2)$ 时,需要在信息 x 上签名。为此,用户 A 随意取一个与 $p-1$ 互素的整数 k,计算:

$$c \equiv g^k \pmod p, \quad 1 \leqslant c \leqslant p-1 \tag{5.24}$$

$$d \equiv (x-ic)k^{-1} \pmod{(p-1)}, \quad 0 \leqslant d \leqslant p-2 \tag{5.25}$$

则 (c,d) 就是用户 A 在信息 x 上的签名。

(1) 任何人都可以验证用户 A 签名的正确性。

这是因为由式(5.24)和式(5.25)可知：

$$b^c c^d \equiv g^{ic+kd} \equiv g^k \pmod{p}$$

任何人都可以由公开的 p,g,b，信息 x 以及签名 (c,d)，直接验证同余式：

$$b^c c^d \equiv g^k \pmod{p}$$

的正确性。

(2) 外人在不知道 i 的情况下，对于信息 x 很难伪造用户 A 的签名 (c,d)。

也就是说，在知道 p,g,b,x 的情况下很难求出整数 (c,d)，$1 \leqslant c \leqslant p-1$，$0 \leqslant d \leqslant p-2$，使得 $b^c c^d \equiv g^k \pmod{p}$。即使知道了 c，求 d 是一个困难的离散对数问题。即使知道了 d，目前求 c 也没有好的算法。

(3) 用户 A 不能用同一个 k 值对两个不同信息 x_1 和 x_2 ($x_1 \not\equiv x_2 \pmod{(p-1)}$) 进行签名。

因为若用同一个 k 值对 x_1 和 x_2 的签名分别为 (c_1,d_1) 和 (c_2,d_2)，则：

$$c_1 \equiv g^k \equiv c_2 \pmod{p}, \quad 1 \leqslant c_1, c_2 \leqslant p-1$$

$$d_1 \equiv (x_1 - ic_1) k^{-1} \pmod{(p-1)}$$

$$d_2 \equiv (x_2 - ic_2) k^{-1} \pmod{(p-1)}$$

由第一个同余式可知 $c_1 = c_2$，于是：

$$k(d_1 - d_2) \equiv x_1 - x_2 \pmod{(p-1)}$$

在这个同余式中外人不知道的只有 k，记 $d = (d_1 - d_2, p-1)$，则上述同余式方程给出模 $p-1$ 的 d 个解 k。可以用 $c_1 \equiv g^k \pmod{p}$ 来验出这 d 个 k 当中哪一个是正确的 (这里 p,g,c_1 均是公开的)，然后便算出：

$$i \equiv (x_1 - d_1 k) c_1^{-1} \pmod{(p-1)}$$

注意 $1 \leqslant c_1 \leqslant p-1$，当 p 很大时，$(c_1, p-1)=1$ 的概率很大，从而多数情形 $c_1^{-1}(\mathrm{mod}(p-1))$ 存在，一旦指数 i 被别人破译，就可对任意信息 x 伪造用户 A 的签名。

(4) 用户 A 在数字签名 (c,d) 中没有把 i 泄露出去，因为在

$$d \equiv (x-ic)k^{-1}(\mathrm{mod}(p-1))$$

当中只有 d, x, c 和 p 是公开的，破译 i 需要知道 k，而从 $c \equiv g^k (\mathrm{mod}\ p)$ 求 k 是困难的离散对数问题。

注：满足 $a^r \equiv 1(\mathrm{mod}\ m)$ 的最小正整数 $r=\varphi(m)$ 时，称 a 是模 m 的原根。其中 $\varphi(m)$ 称为欧拉函数，表示小于 m 的整数中与 m 互素的个数。

(c,d) 表示 c 和 d 的最大公因子。

下面是一个解离散对数的算法，用执行变换

$$U|x_1\rangle|x_2\rangle|y\rangle \to |x_1\rangle|x_2\rangle|y \oplus f(x_1, x_2)\rangle$$

的量子黑箱 U 的一次计算和 $O(\lceil\log r\rceil^2)$ 个数量级的其他运算，我们假设通过前述的求阶算法，已经知道使得 $a^r(\mathrm{mod}\ N)=1$ 的最小的 $r>0$，则有以下的离散对数算法。

算法　离散对数

输入

(1) 对 $f(x_1, x_2)=b^{x_1}a^{x_2}$，执行黑盒 U 运算：$U|x_1\rangle|x_2\rangle|y\rangle=|x_1\rangle|x_2\rangle|y \oplus f(x_1, x_2)\rangle$；

(2) 将一个用于存储函数评估值的状态初始化为 $|0\rangle$；

(3) 将两个 $t=O(\lceil\log r\rceil+\log(1/\varepsilon))$ 位量子比特寄存器初始化为 $|0\rangle$。

输出　最小正整数 s，使得 $a^s=b$。

运行时间　用到一次 U，和 $O(\lceil\log r\rceil^2)$ 步运算，成功的概率是 $O(1)$。

过程

(1) $|0\rangle|0\rangle|0\rangle$

(2) $\rightarrow \dfrac{1}{2^t}\sum\limits_{x_1=0}^{2^t-1}\sum\limits_{x_2=0}^{2^t-1}|x_1\rangle|x_2\rangle|0\rangle$ // 产生叠加

(3) $\rightarrow \dfrac{1}{2^t}\sum\limits_{x_1=0}^{2^t-1}\sum\limits_{x_2=0}^{2^t-1}|x_1\rangle|x_2\rangle|f(x_1,x_2)\rangle$ // 应用 U

$\approx \dfrac{1}{2^t\sqrt{r}}\sum\limits_{l_2=0}^{r-1}\sum\limits_{x_1=0}^{2^t-1}\sum\limits_{x_2=0}^{2^t-1}\mathrm{e}^{2\pi\mathrm{i}(sl_2x_1+l_2x_2)/r}|x_1\rangle|x_2\rangle|\hat{f}(sl_2,l_2)\rangle$

$= \dfrac{1}{2^t\sqrt{r}}\sum\limits_{l_2=0}^{r-1}\left[\sum\limits_{x_1=0}^{2^t-1}\mathrm{e}^{2\pi\mathrm{i}(sl_2x_1)/r}|x_1\rangle\right]\left[\sum\limits_{x_2=0}^{2^t-1}\mathrm{e}^{2\pi\mathrm{i}(l_2x_2)/r}|x_2\rangle\right]|\hat{f}(sl_2,l_2)\rangle$

(4) $\rightarrow \dfrac{1}{\sqrt{r}}\sum\limits_{l_2=0}^{r-1}|\widetilde{sl_2/r}\rangle|\widetilde{l_2/r}\rangle|\hat{f}(sl_2,l_2)\rangle$

// 应用逆 Fourier 变换到前两个寄存器

(5) $\rightarrow (\widetilde{sl_2/r},\widetilde{l_2/r})$ // 测量前两个寄存器

(6) $\rightarrow s$ // 应用推广的连分式算法

同样,理解这个算法的关键在第(3)步,在第(3)步引入:

$$|\hat{f}(l_1,l_2)\rangle = \dfrac{1}{\sqrt{r}}\sum\limits_{j=0}^{r-1}\mathrm{e}^{-2\pi\mathrm{i}l_2 j/r}|f(0,j)\rangle \tag{5.26}$$

它是 $|f(x_1,x_2)\rangle$ 的 Fourier 变换,此式中 l_1 和 l_2 的值必须满足:

$$\sum_{k=0}^{r-1}\mathrm{e}^{2\pi\mathrm{i}k[(l_1/s)-l_2]/r} = r$$

否则 $|\hat{f}(l_1,l_2)\rangle$ 的幅度接近于 0。

注:二维可分离变量函数的傅里叶变换,通常 $f(x,y)$ 是可分离变量的函数,即可分离成两个独立的一元函数的乘积:$f(x,y)=f_1(x)f_2(y)$。根据二维傅里叶变换的定义,其傅里叶变换也是可分离变量的函数,即:

$$G(f_x, f_y) = \int_{-\infty}^{\infty} \int_{-\infty}^{\infty} f(x,y) \exp[-2\pi i(f_x x + f_y y)] dx dy$$

$$= \int_{-\infty}^{\infty} f_1(x) \exp(-2\pi i f_x x) dx \int_{-\infty}^{\infty} f_2(y) \exp(-2\pi i f_y y) dy$$

$$= G_1(f_x) G_2(f_y)$$

即二维函数的傅里叶变换可转化为二个独立坐标系的一维函数的傅里叶变换的乘积，物理上的大多数函数可以这样处理。

练习 5.22 证明

$$|\hat{f}(l_1, l_2)\rangle = \sum_{x_1=0}^{r-1} \sum_{x_2=0}^{r-1} e^{-2\pi i(l_1 x_1 + l_2 x_2)/r} |f(x_1, x_2)\rangle$$

$$= \frac{1}{\sqrt{r}} \sum_{j=0}^{r-1} e^{-2\pi i l_2 j/r} |f(0, j)\rangle$$

且这个表达式不为零的限制条件是 $(l_1/s) - l_2$ 是 r 的整倍数。

证明： 已知目标函数是两个独立的一元函数的乘积 $f(x_1, x_2) = b^{x_1} a^{x_2}$，且有正整数 s，使得 $a^s = b$，显然 $f(x_1, x_2) = b^{x_1} a^{x_2}$ 是周期函数，因为 $f(x_1 + l, x_2 - sl) = f(x_1, x_2)$，其周期是二元的 $(l, -sl)$，其中 l 是整数。

根据二维可分离变量函数的傅里叶变换公式，令 $f_1(x_1) = b^{x_1}$，$f_2(x_2) = a^{x_2}$，则：

$$|\hat{f}(l_1)\rangle = \sum_{x_1=0}^{r-1} e^{-2\pi i l_1 x_1/r} |b^{x_1}\rangle = \sum_{x_1=0}^{r-1} e^{-2\pi i l_1 x_1/r} |f_1(x_1)\rangle$$

$$|\hat{f}(l_2)\rangle = \sum_{x_2=0}^{r-1} e^{-2\pi i l_2 x_2/r} |a^{x_2}\rangle = \sum_{x_2=0}^{r-1} e^{-2\pi i l_2 x_2/r} |f_2(x_2)\rangle$$

那么：

第 5 章 量子 Fourier 变换及其应用的阅读辅导与习题练习

$$|\hat{f}(l_1,l_2)\rangle = |\hat{f}(l_1)\rangle |\hat{f}(l_2)\rangle$$

$$= \left(\sum_{x_1=0}^{r-1} e^{-2\pi i l_1 x_1/r} |b^{x_1}\rangle\right)\left(\sum_{x_2=0}^{r-1} e^{-2\pi i l_2 x_2/r} |a^{x_2}\rangle\right)$$

$$= \sum_{x_1=0}^{r-1}\sum_{x_2=0}^{r-1} e^{-2\pi i l_1 x_1/r} e^{-2\pi i l_2 x_2/r} |b^{x_1}\rangle |a^{x_2}\rangle$$

$$= \sum_{x_1=0}^{r-1}\sum_{x_2=0}^{r-1} e^{-2\pi i(l_1 x_1 + l_2 x_2)/r} |b^{x_1} a^{x_2}\rangle$$

$$|\hat{f}(l_1,l_2)\rangle = \sum_{x_1=0}^{r-1}\sum_{x_2=0}^{r-1} e^{-2\pi i(l_1 x_1 + l_2 x_2)/r} |f(x_1,x_2)\rangle$$

因为 $b=a^s$，所以存在最小正整数 s，使得：

$$f(x_1,x_2) = b^{x_1} a^{x_2} = (a^s)^{x_1} a^{x_2} = b^0 a^{sx_1+x_2}$$

$$|\hat{f}(l_1,l_2)\rangle = \sum_{x_1=0}^{r-1}\sum_{x_2=0}^{r-1} e^{-2\pi i[l_1 \cdot 0 + l_2(sx_1+x_2)]/r} |b^0 a^{sx_1+x_2}\rangle$$

$$= \sum_{x_1=0}^{r-1}\sum_{x_2=0}^{r-1} e^{-2\pi i l_2(sx_1+x_2)/r} |a^{sx_1+x_2}\rangle$$

对任意的 $x_1=k, k\in\{0,1,2,\cdots,r-1\}$ 计算表达式：

$$\sum_{x_2=0}^{r-1} e^{-2\pi i l_2(sx_1+x_2)/r} = \sum_{x_2=0}^{r-1} e^{-2\pi i l_2(sk+x_2)/r}$$

$$= e^{-2\pi i l_2(sk+0)/r} + e^{-2\pi i l_2(sk+1)/r} + \cdots + e^{-2\pi i l_2(sk+r-1)/r}$$

$$= e^{-2\pi i l_2 sk/r}\left(e^{-2\pi i l_2 \cdot 0/r} + e^{-2\pi i l_2 \cdot 1/r} + e^{-2\pi i l_2 \cdot 2/r} + \cdots + e^{-2\pi i l_2(r-1)/r}\right)$$

$$= e^{-2\pi i l_2 sk/r}\left[1 + (e^{-2\pi i l_2/r})^1 + (e^{-2\pi i l_2/r})^2 + \cdots + (e^{-2\pi i l_2/r})^{r-1}\right]$$

$$= e^{-2\pi i l_2 sk/r} \frac{1-(e^{-2\pi i l_2/r})^r}{1-e^{-2\pi i l_2/r}}$$

$$= e^{-2\pi i l_2 sk/r} \frac{1-e^{-2\pi i l_2}}{1-e^{-2\pi i l_2/r}}$$

$$= 0$$

即 $|\hat{f}(l_1,l_2)\rangle$ 的幅度接近于 0,所以有:

$$|\hat{f}(l_1,l_2)\rangle = \sum_{x_1=0}^{r-1}\sum_{x_2=0}^{r-1} e^{-2\pi i(l_1 x_1 + l_2 x_2)/r}|f(x_1,x_2)\rangle = 0$$

当 $(l_1/s)-l_2$ 是 r 的整倍数时,即 $k\in\mathbb{Z}$,则:

$$(l_1/s)-l_2 = kr, \quad l_1 = sl_2 + skr$$

$$l_1 x_1 + l_2 x_2 = (sl_2 + skr)x_1 + l_2 x_2$$
$$= l_2(sx_1 + x_2) + skrx_1$$

代入表达式,得:

$$e^{-2\pi i(l_1 x_1 + l_2 x_2)/r} = e^{-2\pi i[l_2(sx_1+x_2)+skrx_1]/r} = e^{-2\pi i l_2(sx_1+x_2)/r} e^{-2\pi i skx_1} = e^{-2\pi i l_2(sx_1+x_2)/r}$$

因为 $e^{-2\pi i skx_1}=1$,取 $k=0$,则 $(l_1/s)-l_2=0, l_1=sl_2$,

$$|\hat{f}(sl_2,l_2)\rangle = \frac{1}{\sqrt{r}}\sum_{sx_1+x_2=0}^{r-1} e^{-2\pi i l_2(sx_1+x_2)/r}|a^{sx_1+x_2}\rangle \xrightarrow{j=sx_1+x_2} \frac{1}{\sqrt{r}}\sum_{j=0}^{r-1} e^{-2\pi i l_2 j/r}|a^j\rangle$$

$$= \frac{1}{\sqrt{r}}\sum_{j=0}^{r-1} e^{-2\pi i l_2 j/r}|b^0 a^j\rangle = \frac{1}{\sqrt{r}}\sum_{j=0}^{r-1} e^{-2\pi i l_2 j/r}|f(0,j)\rangle$$

所以等式

$$|\hat{f}(l_1,l_2)\rangle = \sum_{x_1=0}^{r-1}\sum_{x_2=0}^{r-1} e^{-2\pi i(l_1 x_1 + l_2 x_2)/r}|f(x_1,x_2)\rangle = \frac{1}{\sqrt{r}}\sum_{j=0}^{r-1} e^{-2\pi i l_2 j/r}|f(0,j)\rangle$$

在 $(l_1/s)-l_2$ 是 r 的整倍数时成立。

练习 5.23 用式 (5.26) 计算

$$\frac{1}{r}\sum_{l_1=0}^{r-1}\sum_{l_2=0}^{r-1} e^{-2\pi i(l_1 x_1 + l_2 x_2)/r}|\hat{f}(l_1,l_2)\rangle$$

并且证明结果是 $f(x_1,x_2)$。

解:已知 $f(x_1,x_2)=b^{x_1}a^{x_2}$,且有最小正整数 s,使得 $a^s=b$。因为 $(l_1/s)-$

$l_2 = kr$，所以 $l_1 = sl_2 + skr$，其中对于任意给定的实数 x_1 和 x_2，有 $l_1 x_1 + l_2 x_2 = (sl_2 + skr)x_1 + l_2 x_2 = l_2(sx_1 + x_2) + skrx_1$，则：

$$\frac{1}{r}\sum_{l_1=0}^{r-1}\sum_{l_2=0}^{r-1} e^{-2\pi i(l_1 x_1 + l_2 x_2)/r} |\hat{f}(l_1, l_2)\rangle$$

$$= \frac{1}{r}\sum_{l_1=0}^{r-1}\sum_{l_2=0}^{r-1} e^{-2\pi i[l_2(sx_1+x_2)+skrx_1]/r} |\hat{f}(l_1, l_2)\rangle$$

$$= \frac{1}{r}\sum_{l_1=0}^{r-1}\sum_{l_2=0}^{r-1} e^{-2\pi i l_2(sx_1+x_2)/r} e^{-2\pi i skx_1} |\hat{f}(l_1, l_2)\rangle$$

$$= \frac{1}{r}\sum_{l_1=0}^{r-1}\sum_{l_2=0}^{r-1} e^{-2\pi i l_2(sx_1+x_2)/r} |\hat{f}(l_1, l_2)\rangle$$

$$= \frac{1}{r}\sum_{l_1=0}^{r-1}\sum_{l_2=0}^{r-1} e^{-2\pi i l_2(sx_1+x_2)/r} \left(\frac{1}{\sqrt{r}}\sum_{j=0}^{r-1} e^{-2\pi i l_2 j/r} |f(0,j)\rangle\right)$$

$$= \frac{1}{r}\sum_{l_1=0}^{r-1}\sum_{l_2=0}^{r-1} e^{-2\pi i l_2(sx_1+x_2)/r} \left(\frac{1}{\sqrt{r}}\sum_{j=0}^{r-1} e^{-2\pi i l_2 j/r} |a^j\rangle\right)$$

$$= \frac{1}{r}\sum_{l_1=0}^{r-1}\sum_{l_2=0}^{r-1} e^{-2\pi i l_2(sx_1+x_2)/r} |a^{l_2}\rangle$$

$$= \frac{1}{r}\sum_{l_1=0}^{r-1}\left[\sum_{l_2=0}^{r-1} e^{-2\pi i l_2(sx_1+x_2)/r} |a^{l_2}\rangle\right]$$

$$= \frac{1}{r}\sum_{l_1=0}^{r-1} |a^{sx_1+x_2}\rangle$$

$$= \frac{1}{r}\sum_{l_1=0}^{r-1} |b^{x_1} a^{x_2}\rangle$$

$$= |f(x_1, x_2)\rangle$$

练习 5.24 建立离散对数算法第(6)步需要的,从 sl_2/r 和 l_2/r 的估计确定 s 的推广的连分式算法。

解： 根据定理 5.1 的结论,利用连分式算法可有效地产生出没有公因子的数 s' 和 r',使得 $s'/r' = s/r$,数 r' 就是阶的候选对象。然后通过计算 $x^{r'} \pmod{N}$,

观察其结果是否为1,就可以确定它是否为阶。如果是,那么 r' 就是 x 模 N 的阶,我们构建算法的任务就完成了。

首先,估计确定 s 的推广的连分式算法如下:假设离散对数算法第(6)步的相位估计合适,即 s/r 是两个有界整数之比,我们可以计算出离估算结果最近的分数,从而求出 r;再根据 $0 \leqslant s \leqslant r-1$ 的假设,取最小正整数 s,使得 $a^s = b$ 即可。

连分式算法的思想是只用整数把实数描述为如下形式,我们采用盒子5.3的例子:

$$[a_0, a_1, \cdots, a_M] = a_0 + \cfrac{1}{a_1 + \cfrac{1}{a_2 + \cfrac{1}{\cdots + \cfrac{1}{a_M}}}}$$

其中 $a_0, a_1, \cdots, a_M$ 是正整数(对量子计算的应用假设允许 $a_0 = 0$,即整数部分为 0 的纯小数),我们定义这个连分式的第 m 个渐近值($0 \leqslant m \leqslant M$)为 $[a_0, a_1, \cdots, a_m]$。 连分式算法是一个确定任意实数连分式的方法。

例如我们试图把 31/13 分解为连分式。

$$\frac{31}{13} = 2 + \frac{5}{13} = 2 + \cfrac{1}{\cfrac{13}{5}} = 2 + \cfrac{1}{2 + \cfrac{3}{5}} = 2 + \cfrac{1}{2 + \cfrac{1}{\cfrac{5}{3}}}$$

$$= 2 + \cfrac{1}{2 + \cfrac{1}{1 + \cfrac{2}{3}}} = 2 + \cfrac{1}{2 + \cfrac{1}{1 + \cfrac{1}{\cfrac{3}{2}}}}$$

$$= 2 + \cfrac{1}{2 + \cfrac{1}{1 + \cfrac{1}{1 + \cfrac{1}{2}}}}$$

因为最终达到 $\frac{3}{2} = 1 + \frac{1}{2}$,所以分解终止。

$$2+\cfrac{1}{2+\cfrac{1}{1+\cfrac{1}{1+\cfrac{1}{2}}}}$$ 就是实数 $\frac{31}{13}=2.384\,615\,384\,615\cdots\approx 2.384\,6$ 的连分式。

再者,显然对任意的 k,以下等式成立。

$$\frac{Y}{13}=\frac{13k+5}{13}=k.384\,615\,384\,615\cdots\approx k.384\,6$$

假设 $k=0$,即令 $a_0=0$,则:

$$\frac{5}{13}=0.384\,615\,384\,615\cdots=0.\overline{384}\,\overline{615}\approx 0.384\,6$$

即互素的两个整数 5 与 13 之比 $0.\overline{384}\,\overline{615}$ 是一个实数,可以取它的一个近似值 $0.384\,6$ 的连分式表示。

反之,离散对数算法第(6)步从 sl_2/r 和 l_2/r 的估计确定的 s,同样可以采用推广的连分式算法求出两个整数之比的表达式。假设利用离散对数算法最终得到 $s\approx 0.384\,6$,则:

$$s\approx 0.384\,6=\cfrac{1}{\cfrac{1}{0.384\,6}}\approx\cfrac{1}{2+0.600\,1}=\cfrac{1}{2+\cfrac{1}{\cfrac{1}{0.600\,1}}}\approx\cfrac{1}{2+\cfrac{1}{1+0.666\,4}}$$

$$=\cfrac{1}{2+\cfrac{1}{1+\cfrac{1}{\cfrac{1}{0.666\,4}}}}\approx\cfrac{1}{2+\cfrac{1}{1+\cfrac{1}{1+0.500\,6}}}\approx\cfrac{1}{2+\cfrac{1}{1+\cfrac{1}{1+\cfrac{1}{2}}}}$$

$$\xrightarrow{\text{计算}}\frac{5}{13}$$

因为 $0\leqslant l_2\leqslant r-1$,所以通过计算 ($\widetilde{sl_2/r}$,$\widetilde{l_2/r}$),我们可以得到最小整数 s,使得 $a^s=b$。同样的道理,若两个整数的比值的近似值是有理数,两个整数都取

L 比特,则根据有理数计算得到两个整数可以在 $O(L^3)$ 步完成,$O(L)$ 分开和倒转步骤,每一步骤用 $O(L^2)$ 个基本算术门完成。

举例:假设我们要求 π 精确到小数点前 5 位的数值,利用定理 5.1 的结论,设 s/r 是一个使得

$$|s/r - \pi| \leqslant \frac{1}{2r^2}$$

的有理数,则 s/r 是 π 的连分式的一个渐近值。已知无理数 π 为 3.141 592 654…,精确到小数点后前 5 位为 3.141 59,则 s/r 必须满足:

$$|s/r - 3.141\,59| \leqslant 0.000\,01$$

s/r 的连分式计算如下:

$$x = 3 + 0.141\,59 \approx 3 + \frac{1}{7.062\,645\,6\cdots} \approx 3 + \frac{1}{7} = \frac{22}{7}$$
$$= 3.142\,857\cdots \approx 3.142\,86$$

但 3.142 86 与 3.141 59 之差大于 0.000 01,于是:

$$3 + \frac{1}{7.062\,645\,6\cdots} \approx 3 + \cfrac{1}{7 + \cfrac{1}{15}} \approx 3.141\,509\,433\cdots \approx 3.141\,51$$

但 3.141 51 与 3.141 59 之差依然大于 0.000 01,但已精确到小数点后第 5 位,于是:

$$3 + \cfrac{1}{7 + \cfrac{1}{15 + 1}} \approx 3.141\,592\,920\cdots \approx 3.141\,593$$

3.141 593 与 3.141 59 之差已小于 0.000 01,达到要求,于是:

$$3 + \cfrac{1}{7 + \cfrac{1}{15 + 1}} = \frac{355}{113}$$

遗留以下 5 个练习待解:

第5章 量子Fourier变换及其应用的阅读辅导与习题练习

练习 5.25 为用于量子离散对数算法的黑盒 U 构造一个量子线路,该黑盒以 a 和 b 为参数,执行酉变换 $|x_1\rangle|x_2\rangle|y\rangle \rightarrow |x_1\rangle|x_2\rangle|y \oplus b^{x_1}a^{x_2}\rangle$,需要多少基本运算?

练习 5.26 因为 K 是 G 的一个子群,当我们把 G 分解为素幂阶循环群的乘积时,也分解了 K。重新表达 (5.27) 式,证明为确定 l'_i,可以在对应于 K 的循环子群 K_{p_i} 中采样。

$$\sum_{h \in K} e^{-2\pi i l h / |G|} = |K| \qquad (5.27)$$

练习 5.27 当然,一般有限 Abel 群 G 到素幂阶循环子群积的分解,是一个困难的问题(例如至少和整数分解因子一样困难)。这里,可以用量子算法再次补救:说明用本章的算法,如何有效地按期望方式分解 G。

练习 5.28 详细写出对有限 Abel 群解隐含子群问题的量子算法,并补充运行时间和成功概率的估计。

练习 5.29 采用隐含子群问题的框架,给出表 5-1 列出的 Deutsch 问题和 Simon 问题的量子算法。

表 5-1 隐含子群问题。函数 f 从群 G 映射到有限集 X,且在隐含子群 $K \subseteq G$ 的陪集上定常,Z_N 在这里表示集合 $\{0,1,\cdots,N-1\}$,而 Z 是整数集。问题是给定计算 f 的黑箱,求 K(或它的一个生成集)。

名称	G	X	K	函数
Deutsch	$\{0,1\}, \oplus$	$\{0,1\}$	$\{0\}$ 或 $\{1\}$	$K=\{0,1\}: \begin{cases} f(x)=0, \\ f(x)=1 \end{cases}$ $K=\{0\}: \begin{cases} f(x)=x, \\ f(x)=1-x \end{cases}$

(续表)

名称	G	X	K	函数
Simon	$\{0,1\}^n, \oplus$	任意有限集	$\{0,s\}$ $s \in \{0,1\}^n$	$f\{x \oplus s\} = f(x)$
求周期	$\mathbf{Z}, +$	任意有限集	$\{0, r, 2r, \cdots\}$ $r \in G$	$f\{x+r\} = f(x)$
求阶	$\mathbf{Z}, +$	$\{a^j\}$ $j \in Z_r$ $a^r = 1$	$\{0, r, 2r, \cdots\}$ $r \in G$	$f(x) = a^x$ $f(x+r) = f(x)$
离散对数	$Z_r \times Z_r, +$ $(\bmod\ r)$	$\{a^j\}$ $j \in Z_r$ $a^r = 1$	$(l, -l_s)$ $l, s \in Z_r$	$f(x_1, x_2) = a^{kx_1 + x_2}$ $f(x_1+l, x_2-l_s) = f(x_1, x_2)$
置换的阶	$Z_{2^m} \times Z_{2^n}, +$ $(\bmod\ 2^m)$	Z_{2^n}	$\{0, r, 2r, \cdots\}$ $r \in X$	$f(x,y) = \pi^x(y)$ $f(x+r,y) = f(x,y)$ $\pi = X$ 上的置换
隐含线性函数	$\mathbf{Z} \times \mathbf{Z}, +$	Z_N	$(l, -l_s)$ $l, s \in X$	$f(x_1, x_2) = \pi(sx_1 + x_2 (\bmod\ N))$ $\pi = X$ 上的置换
Abel 稳定子	(H, X) $H =$ 任意 Abel 群	任意有限集	$\{s \in H \mid f(s,x)$ $= x, \forall x \in X\}$	$f(gh, x) = f(g, f(h,x))$ $f(gs, x) = f(g, x)$

原著中第 5 章有 6 个思考题。

问题 1 构造量子 Fourier 变换

$$|j\rangle \to \frac{1}{\sqrt{p}} \sum_{k=0}^{p-1} e^{2\pi i \frac{jk}{p}} |k\rangle$$

的一个量子线路,p 是素数。

问题 2 (被测量的量子 Fourier 变换) 假设量子 Fourier 变换是量子计算的最后一步,紧接着是在计算基上的测量。证明量子 Fourier 变换和测量的复合,等价于一个完全由单量子比特门和测量、具有经典控制、没有双量子比特门组成的量子线路。至此读者会发现《量子计算和量子信息(一)——量子计算部分》书中第 103 页 4.4 节的讨论是有用的。

第5章 量子Fourier变换及其应用的阅读辅导与习题练习

问题3 （Kitaev算法） 考虑如图量子线路

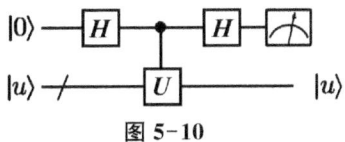

图 5-10

[其中 $|u\rangle$ 是 U 的对应特征值为 $e^{2\pi i\varphi}$ 的一个本征态。证明顶部上的量子比特以 $p \equiv \cos^2(\pi\varphi)$ 概率测得 0。因为状态 $|u\rangle$ 不受线路影响，所以可以重复使用。若用 U^k 代替 U，其中 k 是在控制之下的任意整数，则证明通过重复这个线路并适当地增加 k，可以有效地获得所期望的 p 的任意多比特数，从而可以获得 φ 的任意多比特数，这是相位估计算法的另外一种替代方案。]

问题4 我们给出的因子分解算法运行时的界 $O(L^3)$ 是不严格的，证明该算法可以达到一个更好的上界 $O(L^2 \log L \log \log L)$。

问题5 （非Abel隐含子群研究） 令 f 是有限群 G 到任意有限范围（值域）X 的一个函数，该函数 f 被承诺在子群 K 的不同左陪集上是常数且不相同。从状态

$$\frac{1}{\sqrt{|G|^m}} \sum_{g_1, g_2, \cdots, g_m} |g_1, g_2, \cdots, g_m\rangle |f(g_1), f(g_2), \cdots, f(g_m)\rangle$$

开始，证明选择 $m = 4\log|G| + 2$，可以使我们以至少 $1 - 1/|G|$ 的概率识别出 K。注意 G 不必是Abel的，也不需要在 G 上做Fourier变换。这一结果表明，我们可以（仅用 $O(\log|G|)$ 次oracle调用）产生一个对应于不同可能的隐含子群的纯状态最终结果近乎是正交。然而，尚不知道是否存在POVM，该POVM允许从这个最终状态有效地识别隐含子群（即，利用 $\text{poly}(\log|G|)$ 个运算）。

问题6 （采用Fourier变换的加法） 考虑构造量子线路来计算 $|x\rangle \to |x + y \pmod{2^n}\rangle$ 的任务，其中 y 是一个固定的常数，且 $0 \leqslant x < 2^n$。证明对于 y 的值（比如1），完成这个任务的一个有效方法是首先进行量子Fourier变换，然后应用单量子比特的相位移动，最后进行Fourier逆变换。这种加法可以很容易地添加 y 的哪些值，需要进行多少次运算？

第 6 章 量子搜索算法的阅读辅导与习题练习

本章的三个重点：

1. 量子搜索算法：对 $N=2^n$ 种可能中有 M 个解的搜索问题，先制备状态 $\sum_x |x\rangle$，然后重复 $G \equiv H^{\otimes n} U H^{\otimes n} O$ 总共 $O(\sqrt{N/M})$ 次，其中 O 是一个搜索 oracle。如果 x 是解，那么 $|x\rangle \to -|x\rangle$，否则不变；同时 U 使得 $|0\rangle \to -|0\rangle$，且保持其他所有的计算基，测量以高的概率得到搜索问题的一个解。

2. 量子计数算法：设一个搜索问题解的数目未知。G 具有特征值 $\exp(\pm \mathrm{i}\theta)$，其中 $\sin^2(\theta/2) = M/N$。基于相位估计的 Fourier 变换使我们能用 $O(\sqrt{N})$ 次 oracle 调用，以高精度估计 M。即使解的数目事先未知，量子计数反过来使我们可以确定一个给定的搜索问题是否有解，并且如果有解，可以找出一个解。

3. 多项式界：对于描述为求全函数 F（与部分函数，或许诺问题相反）的问题，量子算法对经典算法至多有多项式加速，具体为 $Q_2(F) \geqslant [D(F)/13\,824]^{1/6}$，而量子搜索是最优的：它是 $\Theta(\sqrt{N})$ 的。

6.1 量子搜索算法

阅读内容

量子搜索算法

假设在 N 个元素的搜索空间中进行目标(特定元素)的搜索,我们不直接搜索元素,而是把注意力放在那些元素的指标上,指标对应于从 0 到 $N-1$ 的数字。为了方便起见,假定 $N=2^n$,于是指标可以存储在 n 个比特中。再假设搜索问题恰好有 M 个解,显然 $1 \leqslant M \leqslant N$。搜索问题的一个特例可以直白地表示为一个输入为 x 的函数 $f(x)$,x 是从 0 到 $N-1$ 的整数(指标),则 $f(x)$ 的定义是:若 x 是搜索问题的一个解,那么 $f(x)=1$;如果 x 不是搜索问题的解,那么 $f(x)=0$。

设有一个量子 oracle(黑盒)可以识别搜索问题的解,oracle 的识别结果通过一个量子比特给出。确切地说,这个 oracle 是一个酉算子 $\boldsymbol{O}$,根据在计算基上的作用,酉算子 $\boldsymbol{O}$ 定义为:

$$|x\rangle|q\rangle \xrightarrow{\boldsymbol{O}} |x\rangle|q \oplus f(x)\rangle \tag{6.1}$$

其中 $|x\rangle$ 是一个指标寄存器(也称为第一寄存器),由 n 个量子比特序列构成,$\oplus$ 表示模 2 加法,$|q\rangle$ 是一个单量子比特,称为 oracle 量子比特(也称为第二寄存器),显然 oracle 量子比特 $|q\rangle$ 的值当 $f(x)=1$ 时翻转,否则不变。于是我们可以通过制备 $n+1$ 个比特:$|x\rangle|0\rangle$,并应用 oracle,然后检查 oracle 量子比特是否翻转到 $|1\rangle$,来判断 x 是否为搜索问题的一个解。

在量子搜索算法中,应用 oracle 是有用的。当 oracle 量子比特初始化为 $(|0\rangle-|1\rangle)/\sqrt{2}$ 时,与题解丛书(1)介绍的 Deutsch-Jozsa 算法处理手法一样,如果 x 不是搜索算法的解,应用 oracle 到状态 $(|0\rangle-|1\rangle)/\sqrt{2}$,并不改变状态;另外,如果 x 是搜索算法的解,那么 $|0\rangle$ 和 $|1\rangle$ 在 oracle 的作用下相交换,给出

终了状态 $-|x\rangle(|0\rangle-|1\rangle)/\sqrt{2}$，于是 oracle 的作用是：

$$|x\rangle\left(\frac{|0\rangle-|1\rangle}{\sqrt{2}}\right) \xrightarrow{O} (-1)^{f(x)}|x\rangle\left(\frac{|0\rangle-|1\rangle}{\sqrt{2}}\right) \quad (6.2)$$

注意 oracle 量子比特的状态没有改变。事实上这个量子比特将在量子搜索算法的过程中保持为 $(|0\rangle-|1\rangle)/\sqrt{2}$。在这个约定下，oracle 的作用可以写成：

$$|x\rangle \xrightarrow{O} (-1)^{f(x)}|x\rangle \quad (6.3)$$

我们说 oracle 通过改变解的相位，标记了搜索问题的解。对有 M 个解的 N 元搜索问题，实际上为得到一个解，只需要在量子计算机上应用搜索 oracle $\boldsymbol{O}$ $\sqrt{N/M}$ 次。

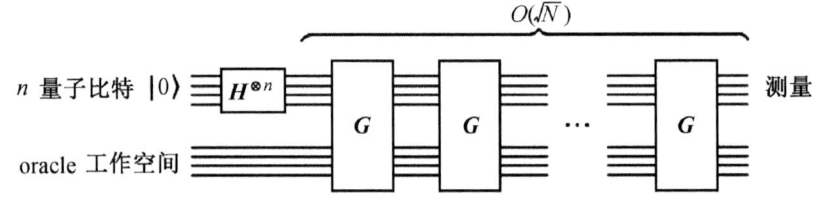

图 6-1 量子搜索算法的线路图框架

[为实现 oracle 可能用到工作量子比特，但量子搜索算法的分析只涉及 n 量子比特寄存器。]

算法从计算机的初态 $|0\rangle^{\otimes n}$ 开始，用 Hadamard 变换使计算机处于均衡叠加态：

$$|\psi\rangle = \frac{1}{\sqrt{N}}\sum_{x=0}^{N-1}|x\rangle \quad (6.4)$$

量子搜索算法由反复应用记作 $\boldsymbol{G}$ 的称为 Grover 迭代或 Grover 算子的量子子程序组成。Grover 迭代的量子线路如图 6-2 所示，可分成四步：

(1) 应用 oracle $\boldsymbol{O}$；

(2) 应用 Hadamard 变换 $\boldsymbol{H}^{\otimes n}$；

(3) 在计算机上执行条件相移，使 $|0\rangle$ 以外的每个计算基态获得 -1 的相位移动：

$$|x\rangle \to -(-1)^{\delta_{x,0}}|x\rangle \tag{6.5}$$

（4）应用 Hadamard 变换 $\boldsymbol{H}^{\otimes n}$。

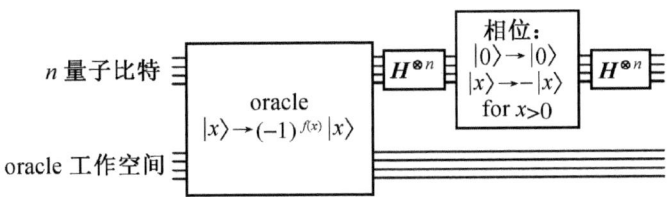

图 6-2　Grover 迭代 G 的路线，Grover 算子 $G \equiv (2|\psi\rangle\langle\psi|-\boldsymbol{I})O$

Grover 迭代中的每个运算都可在量子计算机上有效实现，量子搜索算法中的第（2）步和第（4）步的 Hadamard 变换各需要 $n = \log(N)$ 次运算，第（3）步的条件相移可用量子受控运算线路技术实现，只用 $O(n)$ 个门。oracle 调用的消耗依赖特定的应用，在图 6-2 展示的例子中，Grover 迭代只需要一个单 oracle 调用，注意第（2）、（3）、（4）步结合的效果为：

$$\boldsymbol{H}^{\otimes n}(2|0\rangle\langle 0|-\boldsymbol{I})\boldsymbol{H}^{\otimes n} = 2|\psi\rangle\langle\psi|-\boldsymbol{I} \tag{6.6}$$

其中 $|\psi\rangle$ 是式(6.4)中的均衡叠加态。于是 Grover 迭代算子 G 可写成：

$$G = (2|\psi\rangle\langle\psi|-\boldsymbol{I})O \tag{6.7}$$

通过例题解读 Oracle 概念与 Grover 算子：

为了方便解读，首先定义一个酉算子 $U(0)$：

$$U(0) = \boldsymbol{I} - 2|0\rangle\langle 0| \tag{6.8}$$

它是一种只给 $|0\rangle$ 状态带来相位 (-1) 的算符，也就是说：

$$U(0)|x\rangle = (-1)^{\delta_{x,0}}|x\rangle \tag{6.9}$$

如果将 Hadamard 变换 $\boldsymbol{H}^{\otimes n}$ 作用在式(6.9)两边就得到：

$$U(\psi) = \boldsymbol{H}^{\otimes n}(\boldsymbol{I} - 2|0\rangle\langle 0|)\boldsymbol{H}^{\otimes n} = \boldsymbol{I} - 2|\psi\rangle\langle\psi| \tag{6.10}$$

在式(6.10)的推导过程中,利用了(生成均匀叠加态 $|\psi\rangle$)

$$|\psi\rangle = \boldsymbol{H}^{\otimes n}|0\rangle = \frac{1}{\sqrt{2}}\sum_{x=0}^{N-1}|x\rangle \qquad (6.11)$$

根据算子 oracle $\boldsymbol{O}$ 的定义,在 Grover 量子搜索算法中将 oracle 量子比特 $|q\rangle$ 取值巧妙地设置为量子叠加态 $(|0\rangle-|1\rangle)/\sqrt{2}$,算子 $\boldsymbol{O}$ 分段表达可归纳为:

$$\boldsymbol{O}|x\rangle\frac{1}{\sqrt{2}}(|0\rangle-|1\rangle) = \begin{cases} |x\rangle\frac{1}{\sqrt{2}}(|1\rangle-|0\rangle) & (x=z_0) \\ |x\rangle\frac{1}{\sqrt{2}}(|0\rangle-|1\rangle) & (x\neq z_0) \end{cases} \qquad (6.12)$$

$$= (-1)^{f(x)}|x\rangle\frac{1}{\sqrt{2}}(|0\rangle-|1\rangle)$$

即算子 $\boldsymbol{O}$ 作用的结果使得量子态出现一个相位 $(-1)^{f(x)}$,也就是说,如果不考虑第二寄存器的值,$\boldsymbol{O}$ 的作用可以写成:

$$\boldsymbol{O}|x\rangle = \begin{cases} -|x\rangle & (x=z_0) \\ |x\rangle & (x\neq z_0) \end{cases} \qquad (6.13)$$

其中 z_0 代表解。上式说明,x 是不是解,可根据 $\boldsymbol{O}$ 的作用是否发生相位的变化来判断。

算子 $\boldsymbol{O}$ 也可以用等价算符 $\boldsymbol{U}(z_0)$ 表示如下:

$$\boldsymbol{U}(z_0) = \boldsymbol{I} - 2|z_0\rangle\langle z_0| \qquad (6.14)$$

即 $\boldsymbol{U}(z_0)|x\rangle$ 能根据 $\langle x|z_0\rangle = \delta_{x,z_0}$ 给出算子 $\boldsymbol{O}$ 同样的结果。根据 $\boldsymbol{U}(\psi)$ 和 $\boldsymbol{U}(z_0)$ 的定义,Grover 迭代算子 $\boldsymbol{G}$ 可以描述为:

$$\boldsymbol{G} = -\boldsymbol{U}(\psi)\boldsymbol{U}(z_0) \qquad (6.15)$$

Grover 算符可以重复作用,可一直作用到第一寄存器给出所要求的解为止。

练习 6.1 证明对应于 Grover 迭代中,相移的酉算子是 $2|0\rangle\langle 0| - \boldsymbol{I}$。

证明： 根据图 6-2，Grover 迭代量子线路所示算法第(3)步中条件相移"Phase"的作用，使 $|0\rangle$ 以外的每个计算基态获得 -1 的相位移动，即 for $x > 0$, $|x\rangle \to -|x\rangle$，我们可以写出 Grover 迭代的相移酉算子，并给出相应的推导：

$$U_{\text{CPS}} = |0\rangle\langle 0| - \sum_{x=1}^{N-1} |x\rangle\langle x|$$

$$= |0\rangle\langle 0| + (|0\rangle\langle 0| - |0\rangle\langle 0|) - \sum_{x=1}^{N-1} |x\rangle\langle x|$$

$$= 2|0\rangle\langle 0| - \sum_{x=0}^{N-1} |x\rangle\langle x| = 2|0\rangle\langle 0| - I$$

练习 6.2 证明应用运算 $(2|\psi\rangle\langle\psi| - I)$ 到一般状态 $\sum_k \alpha_k |k\rangle$ 产生

$$\sum_k [-\alpha_k + 2\langle\alpha\rangle] |k\rangle$$

其中 $\langle\alpha\rangle \equiv \sum_k \alpha_k / N$ 是 α_k 的均值，因此，$(2|\psi\rangle\langle\psi| - I)$ 有时称为关于均值的反演 (inversion about mean) 运算。

解： 由式 (6.4)

$$|\psi\rangle = \frac{1}{\sqrt{N}} \sum_{x=0}^{N-1} |x\rangle$$

知

$$(2|\psi\rangle\langle\psi| - I) \sum_k \alpha_k |k\rangle = \left(2 \frac{1}{\sqrt{N}} \sum_x |x\rangle \frac{1}{\sqrt{N}} \sum_x \langle x| - I\right) \sum_k \alpha_k |k\rangle$$

$$= \left(\frac{2}{N} \sum_x \sum_y |x\rangle\langle y| - I\right) \sum_k \alpha_k |k\rangle$$

$$= \frac{2}{N} \sum_x \sum_y |x\rangle\langle y|\alpha_y|y\rangle - \sum_k \alpha_k |k\rangle$$

$$= \frac{2}{N} \sum_x |x\rangle \sum_y \alpha_y \langle y|y\rangle - \sum_k \alpha_k |k\rangle$$

$$= \sum_x 2|x\rangle \sum_y \frac{\alpha_y}{N} - \sum_k \alpha_k |k\rangle$$

$$= \sum_x 2\langle\alpha\rangle |x\rangle - \sum_k \alpha_k |k\rangle$$

$$= \sum_k 2\langle\alpha\rangle |k\rangle - \sum_k \alpha_k |k\rangle$$

$$= \sum_k (-\alpha_k + 2\langle\alpha\rangle) |k\rangle$$

其中

$$\langle\alpha\rangle \equiv \sum_y \frac{\alpha_y}{N} = \sum_k \frac{\alpha_k}{N}$$

6.1.3 几何可视化

阅读内容

Grover 迭代能做什么？注意到 $G = (2|\psi\rangle\langle\psi| - I)O$，事实上，我们将证明 Grover 迭代可视为由开始向量 $|\psi\rangle$ 和搜索问题解组成的均匀叠加态张成的二维空间中的一个旋转。为弄清这一点，采用 $\sum_x'$ 表示所有 x 上的搜索问题解的和，用 $\sum_x''$ 表示所有 x 上的非搜索问题解的和，定义归一化状态：

$$|\alpha\rangle \equiv \frac{1}{\sqrt{N-M}} \sum_x{''} |x\rangle \Leftarrow 非解$$

$$|\beta\rangle \equiv \frac{1}{\sqrt{M}} \sum_x{'} |x\rangle \Leftarrow 解$$

简单的代数运算表明，初态 $|\psi\rangle$ 可重新表示为：

$$|\psi\rangle = \sqrt{\frac{N-M}{N}} |\alpha\rangle + \sqrt{\frac{M}{N}} |\beta\rangle$$

故量子计算机的初态属于 $|\alpha\rangle$ 和 $|\beta\rangle$ 张成的空间。

第6章 量子搜索算法的阅读辅导与习题练习

如图6-3所示,可以很好地理解 G,运算 O 对定义在 $|\alpha\rangle$ 和 $|\beta\rangle$ 平面上的向量 $|\psi\rangle$ 执行了一次关于向量 $|\alpha\rangle$ 的反射,即 $O(a|\alpha\rangle+b|\beta\rangle)=a|\alpha\rangle-b|\beta\rangle$。类似地,$2|\psi\rangle\langle\psi|-I$ 也执行了一次在 $|\alpha\rangle$ 和 $|\beta\rangle$ 定义的平面上的向量 $O|\varphi\rangle$ 关于 $|\psi\rangle$ 的反射,两个反射的积是一个旋转。结果告诉我们,对所有的 k,状态 $G^k|\psi\rangle$ 依然留在 $|\alpha\rangle$ 和 $|\beta\rangle$ 定义的平面上,同时它还会给出转角。令 $\cos(\theta/2)=\sqrt{(N-M)/N}$,使得:

$$|\psi\rangle = \cos\frac{\theta}{2}|\alpha\rangle + \sin\frac{\theta}{2}|\beta\rangle$$

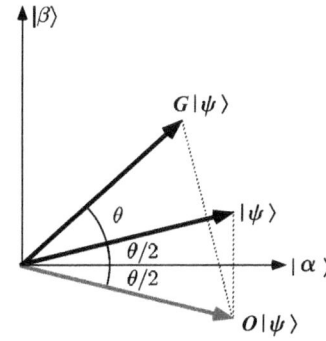

图6-3 单次Grover迭代 G 的作用:状态向量朝搜索问题的所有解的叠加 $|\beta\rangle$ 转 θ 角

[开始状态向量偏离与 $|\beta\rangle$ 正交的 $|\alpha\rangle$ 状态夹 $\theta/2$ 角,oracle运算 O 把状态 $|\psi\rangle$ 以 $|\alpha\rangle$ 为基准进行反射,接着运算 $2|\psi\rangle\langle\psi|-I$ 又把它以 $|\psi\rangle$ 为基准进行反射。图中 $|\alpha\rangle$ 和 $|\beta\rangle$ 稍加延长,以避免混乱(所有状态都是单位向量)。经过反复的Grover迭代,状态向量接近于 $|\beta\rangle$。在 $|\beta\rangle$ 点,在计算基中观测将以很高的概率输出搜索问题的一个解。算法具有可观的效率,因为 θ 的作用像 $\Omega(\sqrt{M/N})$,而把状态向量转到接近 $|\beta\rangle$,只需要应用 G $O(\sqrt{N/M})$ 次。]

图6-3给出构成 G 的两个反射把 $|\psi\rangle$ 变为:

$$G|\psi\rangle = \cos\frac{3\theta}{2}|\alpha\rangle + \sin\frac{3\theta}{2}|\beta\rangle \tag{6.16}$$

于是转角实际上为 θ。由此连续应用 G,把状态变为:

$$G^k|\psi\rangle = \cos\left(\frac{3k+1}{2}\theta\right)|\alpha\rangle + \sin\left(\frac{3k+1}{2}\theta\right)|\beta\rangle \tag{6.17}$$

总之,G 是 $|\alpha\rangle$ 和 $|\beta\rangle$ 定义的二维空间中的一个旋转,每次应用 G,把空间旋转 θ

弧度。反复应用Grover迭代，把状态向量旋转得接近$|\beta\rangle$，此时在计算基上的一个观测，就可以很高的概率产生与$|\beta\rangle$重叠的输出，即搜索问题的一个解。

盒子6.1 量子搜索：双比特的例子

下面是说明量子搜索算法在大小为$N=4$的搜索空间上如何工作的具体例子。oracle对除$x=x_0$外的所有x有$f(x)=0$，而$f(x_0)=1$，故可取为如图四种线路中的任何一种，从左到右分别对应$x_0=0,1,2,3$，其中顶上两个量子比特承载对x的查询，而底下的量子比特承载oracle的响应。执行开始的Hadamard变换和一个单次Grover迭代G的量子线路为：

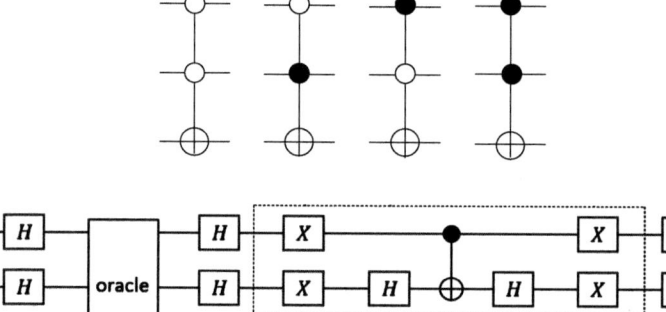

起初，顶上的两个量子比特处于状态$|0\rangle$，底下的量子比特为$|1\rangle$。点框中的门执行条件相移运算$2|00\rangle\langle00|-I$。为得到x_0，我们必须重复多少次G？从后继文案式(6.20)的$R=\text{CI}\left(\dfrac{\arccos\sqrt{M/N}}{\theta}\right)$中，利用$M=1$，可知需要不多于一次迭代。事实上，因为在后继文案式(6.19)的$\sin\theta=\dfrac{2\sqrt{M(N-M)}}{N}$中$\theta=\pi/3$，在这种特殊情况下，恰好需要一次迭代，以精确得到$x_0$。在图6-3的几何图像中，我们的初态：

$$|\psi\rangle=\frac{|00\rangle+|01\rangle+|10\rangle+|11\rangle}{2}$$

偏离 $|\alpha\rangle$ 轴 $30°$，并且一次的 $\theta=60°$ 旋转，把 $|\psi\rangle$ 移到 $|\beta\rangle$。可以直接验证使用这个量子线路，应用 oracle 一次后，顶上两个量子比特的测量给出 x_0。与之对照，经典计算机——或经典电路——为区分四种 oracle，平均需要 2.25 次 oracle 调用。

盒子 6.1　量子搜索：双比特的例子中量子线路解读的代数解析：

输入：$|\psi\rangle = |00\rangle|1\rangle$

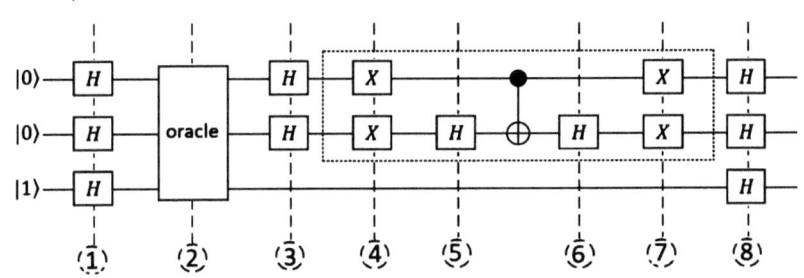

图 6-4　双比特量子搜索单次 Grover 迭代 G 的作用

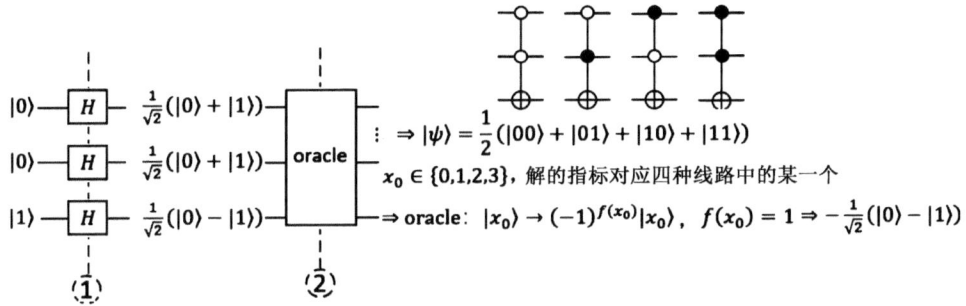

图 6-5　双比特量子搜索单次 Grover 迭代 G 的作用(1)

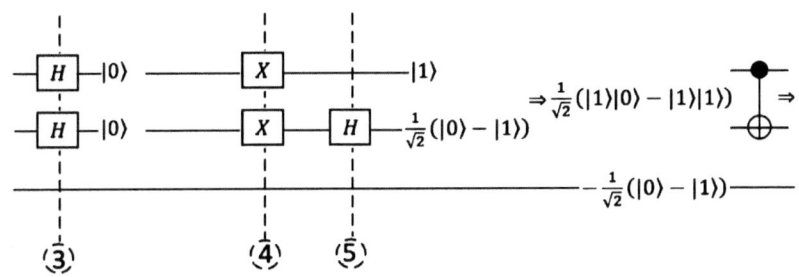

图 6-6　双比特量子搜索单次 Grover 迭代 G 的作用(2)

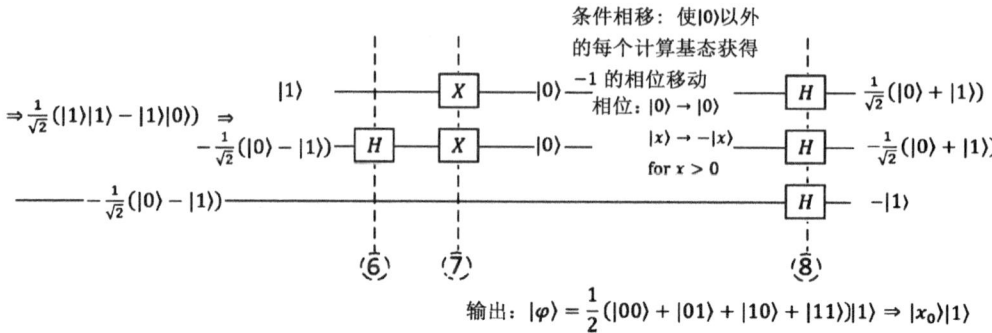

图 6-7 双比特量子搜索单次 Grover 迭代 G 的作用(3)

通过一次 Grover 迭代,可获得搜索的某个解元素的指标($x_0 = 0,1,2,3$),通过测量前两个量子比特,即可求得搜索空间的解 x_0 的指标。

举例:试用量子搜索算法,从 $N = 2^3$ 的数据库中搜索指标为 $z_0 = 2$ 的未知数据。

解:在 $2^3 = 8$ 维空间中 Grover 算符应为 8×8 的矩阵,首先给出 $U(z_0)$ 的矩阵表示:

$$U(z_0) = I - 2|z_0 = 2\rangle\langle z_0 = 2|$$

$$= \begin{bmatrix} 1 & 0 & 0 & 0 & 0 & 0 & 0 & 0 \\ 0 & 1 & 0 & 0 & 0 & 0 & 0 & 0 \\ 0 & 0 & 1 & 0 & 0 & 0 & 0 & 0 \\ 0 & 0 & 0 & 1 & 0 & 0 & 0 & 0 \\ 0 & 0 & 0 & 0 & 1 & 0 & 0 & 0 \\ 0 & 0 & 0 & 0 & 0 & 1 & 0 & 0 \\ 0 & 0 & 0 & 0 & 0 & 0 & 1 & 0 \\ 0 & 0 & 0 & 0 & 0 & 0 & 0 & 1 \end{bmatrix} - 2 \begin{bmatrix} 0 & 0 & 0 & 0 & 0 & 0 & 0 & 0 \\ 0 & 0 & 0 & 0 & 0 & 0 & 0 & 0 \\ 0 & 0 & 1 & 0 & 0 & 0 & 0 & 0 \\ 0 & 0 & 0 & 0 & 0 & 0 & 0 & 0 \\ 0 & 0 & 0 & 0 & 0 & 0 & 0 & 0 \\ 0 & 0 & 0 & 0 & 0 & 0 & 0 & 0 \\ 0 & 0 & 0 & 0 & 0 & 0 & 0 & 0 \\ 0 & 0 & 0 & 0 & 0 & 0 & 0 & 0 \end{bmatrix}$$

$$=\begin{bmatrix} 1 & 0 & 0 & 0 & 0 & 0 & 0 & 0 \\ 0 & 1 & 0 & 0 & 0 & 0 & 0 & 0 \\ 0 & 0 & -1 & 0 & 0 & 0 & 0 & 0 \\ 0 & 0 & 0 & 1 & 0 & 0 & 0 & 0 \\ 0 & 0 & 0 & 0 & 1 & 0 & 0 & 0 \\ 0 & 0 & 0 & 0 & 0 & 1 & 0 & 0 \\ 0 & 0 & 0 & 0 & 0 & 0 & 1 & 0 \\ 0 & 0 & 0 & 0 & 0 & 0 & 0 & 1 \end{bmatrix}$$

再给出 $U(\psi)=I-2|\psi\rangle\langle\psi|$ 的矩阵表示：

$U(\psi)=I-2|\psi\rangle\langle\psi|$

$$=\begin{bmatrix} 1 & 0 & 0 & 0 & 0 & 0 & 0 & 0 \\ 0 & 1 & 0 & 0 & 0 & 0 & 0 & 0 \\ 0 & 0 & 1 & 0 & 0 & 0 & 0 & 0 \\ 0 & 0 & 0 & 1 & 0 & 0 & 0 & 0 \\ 0 & 0 & 0 & 0 & 1 & 0 & 0 & 0 \\ 0 & 0 & 0 & 0 & 0 & 1 & 0 & 0 \\ 0 & 0 & 0 & 0 & 0 & 0 & 1 & 0 \\ 0 & 0 & 0 & 0 & 0 & 0 & 0 & 1 \end{bmatrix} - 2 \times \frac{1}{8} \begin{bmatrix} 1 & 1 & 1 & 1 & 1 & 1 & 1 & 1 \\ 1 & 1 & 1 & 1 & 1 & 1 & 1 & 1 \\ 1 & 1 & 1 & 1 & 1 & 1 & 1 & 1 \\ 1 & 1 & 1 & 1 & 1 & 1 & 1 & 1 \\ 1 & 1 & 1 & 1 & 1 & 1 & 1 & 1 \\ 1 & 1 & 1 & 1 & 1 & 1 & 1 & 1 \\ 1 & 1 & 1 & 1 & 1 & 1 & 1 & 1 \\ 1 & 1 & 1 & 1 & 1 & 1 & 1 & 1 \end{bmatrix}$$

$$=\frac{1}{4}\begin{bmatrix} 3 & -1 & -1 & -1 & -1 & -1 & -1 & -1 \\ -1 & 3 & -1 & -1 & -1 & -1 & -1 & -1 \\ -1 & -1 & 3 & -1 & -1 & -1 & -1 & -1 \\ -1 & -1 & -1 & 3 & -1 & -1 & -1 & -1 \\ -1 & -1 & -1 & -1 & 3 & -1 & -1 & -1 \\ -1 & -1 & -1 & -1 & -1 & 3 & -1 & -1 \\ -1 & -1 & -1 & -1 & -1 & -1 & 3 & -1 \\ -1 & -1 & -1 & -1 & -1 & -1 & -1 & 3 \end{bmatrix}$$

因为 $G = -U(\psi)U(z_0)$，所以

$$G = -\frac{1}{4}\begin{bmatrix} 3 & -1 & -1 & -1 & -1 & -1 & -1 & -1 \\ -1 & 3 & -1 & -1 & -1 & -1 & -1 & -1 \\ -1 & -1 & 3 & -1 & -1 & -1 & -1 & -1 \\ -1 & -1 & -1 & 3 & -1 & -1 & -1 & -1 \\ -1 & -1 & -1 & -1 & 3 & -1 & -1 & -1 \\ -1 & -1 & -1 & -1 & -1 & 3 & -1 & -1 \\ -1 & -1 & -1 & -1 & -1 & -1 & 3 & -1 \\ -1 & -1 & -1 & -1 & -1 & -1 & -1 & 3 \end{bmatrix}\begin{bmatrix} 1 & 0 & 0 & 0 & 0 & 0 & 0 & 0 \\ 0 & 1 & 0 & 0 & 0 & 0 & 0 & 0 \\ 0 & 0 & -1 & 0 & 0 & 0 & 0 & 0 \\ 0 & 0 & 0 & 1 & 0 & 0 & 0 & 0 \\ 0 & 0 & 0 & 0 & 1 & 0 & 0 & 0 \\ 0 & 0 & 0 & 0 & 0 & 1 & 0 & 0 \\ 0 & 0 & 0 & 0 & 0 & 0 & 1 & 0 \\ 0 & 0 & 0 & 0 & 0 & 0 & 0 & 1 \end{bmatrix}$$

$$= \frac{1}{4}\begin{bmatrix} -3 & 1 & -1 & 1 & 1 & 1 & 1 & 1 \\ 1 & -3 & -1 & 1 & 1 & 1 & 1 & 1 \\ 1 & 1 & 3 & 1 & 1 & 1 & 1 & 1 \\ 1 & 1 & -1 & -3 & 1 & 1 & 1 & 1 \\ 1 & 1 & -1 & 1 & -3 & 1 & 1 & 1 \\ 1 & 1 & -1 & 1 & 1 & -3 & 1 & 1 \\ 1 & 1 & -1 & 1 & 1 & 1 & -3 & 1 \\ 1 & 1 & -1 & 1 & 1 & 1 & 1 & -3 \end{bmatrix}$$

(6.18)

我们观察到式(6.18)的矩阵中第三列的相位与其他列不同。由下述的第三步就能清楚地看到，就是这个相位具有 Grover 算符的数据搜索功能：

第一步：制备由 3 比特的数据库 $|0\rangle^{\otimes 3}$ 和 1 个 oracle 比特 $|0\rangle$ 组成的初始状态：

$$|\psi\rangle_1 = |0\rangle^{\otimes 3}|0\rangle$$

第二步：将 Hadamard 算符 $H^{\otimes 3}$ 作用到前三个比特 $|0\rangle^{\otimes 3}$，将 HX 作用到 oracle 比特 $|0\rangle$：

$$|\psi\rangle_2 = \frac{1}{\sqrt{8}} \sum_{x=0}^{7} |x\rangle \left(\frac{|0\rangle - |1\rangle}{\sqrt{2}} \right)$$

第三步：将 G 作用到 $|\psi\rangle_2$ 上 $k \approx \frac{\pi\sqrt{8}}{4} \approx 2$（$k$ 的计算查阅教材），省略 oracle 比特后则为：

$$G|\psi\rangle_2 = \frac{1}{4} \begin{bmatrix} -3 & 1 & -1 & 1 & 1 & 1 & 1 & 1 \\ 1 & -3 & -1 & 1 & 1 & 1 & 1 & 1 \\ 1 & 1 & 3 & 1 & 1 & 1 & 1 & 1 \\ 1 & 1 & -1 & -3 & 1 & 1 & 1 & 1 \\ 1 & 1 & -1 & 1 & -3 & 1 & 1 & 1 \\ 1 & 1 & -1 & 1 & 1 & -3 & 1 & 1 \\ 1 & 1 & -1 & 1 & 1 & 1 & -3 & 1 \\ 1 & 1 & -1 & 1 & 1 & 1 & 1 & -3 \end{bmatrix} \begin{bmatrix} 1 \\ 1 \\ 1 \\ 1 \\ 1 \\ 1 \\ 1 \\ 1 \end{bmatrix} \frac{1}{\sqrt{8}} = \frac{1}{4\sqrt{2}} \begin{bmatrix} 1 \\ 1 \\ 5 \\ 1 \\ 1 \\ 1 \\ 1 \\ 1 \end{bmatrix}$$

$$|\psi\rangle_3 = G^2 |\psi\rangle_2 = \frac{1}{8\sqrt{2}} \begin{bmatrix} -1 \\ -1 \\ 11 \\ -1 \\ -1 \\ -1 \\ -1 \\ -1 \end{bmatrix}$$

第四步：观察带标号比特[第一寄存器，且 x 是从 0 到 $N-1$ 的整数（指标）]，可得

$$P(x=3) = \frac{121}{128} \approx 0.95 \quad (k=2)$$

$$P(x \neq 3) = \frac{7}{128} \approx 0.05 \tag{6.19}$$

可见,结果将以 95% 概率得到正确的解 z_0 的指标为 2。如果将 Grover 算符只作用一次,那么得:

$$P(x = 2) = \frac{25}{32} \approx 0.78 \quad (k = 1) \tag{6.20}$$

还是能以比较高的概率寻找到正确的解。式(6.19)和式(6.20)的观察结果与由以上推导出的结果式(6.21):

$$G^k |\psi\rangle = \cos\left(\frac{3k+1}{2}\theta\right)|\alpha\rangle + \sin\left(\frac{3k+1}{2}\theta\right)|\beta\rangle \tag{6.21}$$

相一致,即:

$$P(z_0) = \sin^2\left(\frac{2k+1}{2}\theta\right)$$

这一点可利用

$$\sin\frac{\theta}{2} = \frac{1}{\sqrt{8}}, \quad \cos\frac{\theta}{2} = \sqrt{\frac{7}{8}}$$

得到验证。

练习 6.3 证明 $|\alpha\rangle$, $|\beta\rangle$ 基中,可以把 Grover 迭代写成

$$G = \begin{bmatrix} \cos\theta & -\sin\theta \\ \sin\theta & \cos\theta \end{bmatrix}$$

其中 θ 是一个 0 到 2π 之间的实数(为了简单起见,假设 $M \leqslant N/2$,这个限制很快会取消),它满足

$$\sin\theta = \frac{2\sqrt{M(N-M)}}{N} \tag{6.22}$$

第 6 章　量子搜索算法的阅读辅导与习题练习

证明： 根据 Grover 迭代几何可视化图 6-3 的表述，Grover 迭代可视为由开始向量 $|\psi\rangle$ 和搜索问题解组成的均匀叠加态张成的二维空间中的一个旋转。

假设叠加态 $|\psi\rangle$ 中含有 M 个解 $|z_i\rangle$，且 M 个解的量子叠加态为：

$$|\beta\rangle \equiv \frac{1}{\sqrt{M}} \sum_{z_i=0}^{M-1} |z_i\rangle$$

属于非解 $|y_i\rangle$ 的 $N-M$ 个量子态的叠加态为：

$$|\alpha\rangle \equiv \frac{1}{\sqrt{N-M}} \sum_{y_i=0}^{N-M-1} |y_i\rangle$$

显然初态 $|\psi\rangle$ 可以在 $|\alpha\rangle$ 和 $|\beta\rangle$ 张成的空间里重新表示为如下的单位向量：

$$
\begin{aligned}
|\psi\rangle &= \frac{1}{\sqrt{N}} \sum_{x=0}^{N-1} |x\rangle = \frac{1}{\sqrt{N}} \Big(\sum_{y_i=0}^{N-M-1} |y_i\rangle + \sum_{z_i=0}^{M-1} |z_i\rangle \Big) \\
&= \frac{1}{\sqrt{N}} \Big(\frac{\sqrt{N-M}}{\sqrt{N-M}} \sum_{y_i=0}^{N-M-1} |y_i\rangle + \frac{\sqrt{M}}{\sqrt{M}} \sum_{z_i=0}^{M-1} |z_i\rangle \Big) \\
&= \frac{\sqrt{N-M}}{\sqrt{N}} \Big(\frac{1}{\sqrt{N-M}} \sum_{y_i=0}^{N-M-1} |y_i\rangle \Big) + \frac{\sqrt{M}}{\sqrt{N}} \Big(\frac{1}{\sqrt{M}} \sum_{z_i=0}^{M-1} |z_i\rangle \Big) \\
&= \sqrt{\frac{N-M}{N}} |\alpha\rangle + \sqrt{\frac{M}{N}} |\beta\rangle
\end{aligned}
$$

其中：

$$\left(\sqrt{\frac{N-M}{N}} \right)^2 + \left(\sqrt{\frac{M}{N}} \right)^2 = 1$$

因为

$$|\psi\rangle\langle\psi| = \begin{bmatrix} \sqrt{\frac{N-M}{N}} \\ \sqrt{\frac{M}{N}} \end{bmatrix} \begin{bmatrix} \sqrt{\frac{N-M}{N}} & \sqrt{\frac{M}{N}} \end{bmatrix} = \begin{bmatrix} \frac{N-M}{N} & \frac{\sqrt{M(N-M)}}{N} \\ \frac{\sqrt{M(N-M)}}{N} & \frac{M}{N} \end{bmatrix}$$

如图 6-3 所示，因为在 $|\alpha\rangle$ 为横轴，$|\beta\rangle$ 为纵轴的二维空间中，根据量子态 $|\psi\rangle$ 本源定义的约定，态 $|\psi\rangle$ 是与 $|\alpha\rangle$ 轴的夹角为 $\theta/2$ 的单位向量，显然夹角 $\theta/2$ 满足以下关系式：

$$\cos\frac{\theta}{2}=\sqrt{\frac{N-M}{N}},\quad \sin\frac{\theta}{2}=\sqrt{\frac{M}{N}}$$

则量子态 $|\psi\rangle$ 又可以表示为：

$$|\psi\rangle=\cos\frac{\theta}{2}|\alpha\rangle+\sin\frac{\theta}{2}|\beta\rangle$$

那么：

$$\sin\theta=\frac{2\sqrt{M(N-M)}}{N}$$

显然：

$$\cos\theta=\sqrt{1-\sin^2\theta}=1-\frac{4M(N-M)}{N^2}=\sqrt{\frac{(N-2M)^2}{N}}=\frac{N-2M}{N}$$

所以：

$$2|\psi\rangle\langle\psi|-\boldsymbol{I}=2\begin{bmatrix}\dfrac{N-M}{N} & \dfrac{\sqrt{M(N-M)}}{N}\\ \dfrac{\sqrt{M(N-M)}}{N} & \dfrac{M}{N}\end{bmatrix}-\begin{bmatrix}1 & 0\\ 0 & 1\end{bmatrix}$$

$$=\begin{bmatrix}\dfrac{N-2M}{N} & \dfrac{2\sqrt{M(N-M)}}{N}\\ \dfrac{2\sqrt{M(N-M)}}{N} & \dfrac{2M-N}{N}\end{bmatrix}$$

$$=\begin{bmatrix}\cos\theta & \sin\theta\\ \sin\theta & -\cos\theta\end{bmatrix}$$

又已知 $\boldsymbol{G}=(2|\psi\rangle\langle\psi|-\boldsymbol{I})\boldsymbol{O}$，且

$$O = 2|0\rangle\langle 0| - I = \begin{bmatrix} 1 & 0 \\ 0 & -1 \end{bmatrix}$$

所以有:

$$G = (2|\psi\rangle\langle\psi| - I)O = \begin{bmatrix} \cos\theta & \sin\theta \\ \sin\theta & -\cos\theta \end{bmatrix} \begin{bmatrix} 1 & 0 \\ 0 & -1 \end{bmatrix} = \begin{bmatrix} \cos\theta & -\sin\theta \\ \sin\theta & \cos\theta \end{bmatrix}$$

满足:

$$\sin\theta = \frac{2\sqrt{M(N-M)}}{N}$$

6.1.4 性能

阅读内容

为把 $|\psi\rangle$ 旋转到接近 $|\beta\rangle$，需要多少次 Grover 迭代？系统的初始态为

$$|\psi\rangle = \cos\frac{\theta}{2}|\alpha\rangle + \sin\frac{\theta}{2}|\beta\rangle = \sqrt{\frac{N-M}{N}}|\alpha\rangle + \sqrt{\frac{M}{N}}|\beta\rangle$$

因此旋转 $\arccos\sqrt{M/N}$ 弧度，系统进入 $|\beta\rangle$ 状态。令 $\text{CI}(x)$ 为最接近实数 x 的整数，则重复 Grover 迭代 R 次。

$$R = \text{CI}\left(\frac{\arccos\sqrt{M/N}}{\theta}\right) \tag{6.23}$$

把 $|\psi\rangle$ 旋转到离 $|\beta\rangle$ 的 $\theta/2 \leqslant \pi/4$ 的角度范围内，于是在计算基中对状态进行观测，将至少以 $1/2$ 的概率给出搜索问题的一个解。事实上，对 M 和 N 的特殊值可以达到高得多的成功概率。例如，当 $M \ll N$ 时，有 $\theta \approx \sin\theta \approx 2\sqrt{M/N}$，故最终状态的角误差至多是 $\theta/2 \approx \sqrt{M/N}$，给出最多为 M/N 的错误概率。注意 R 依赖于解的数目 M，但不依赖于那些解的性质，因此如果我们知道 M，那么就可以使用量子搜索算法。

通过量子搜索算法调用 oracle 的精确次数的表达式(6.23)，可得知 $R \leqslant \lceil \pi/2\theta \rceil$，因此 θ 的一个下界将给出 R 的一个上界。暂且假设 $M \leqslant N/2$，我们有:

$$\frac{\theta}{2} \geqslant \sin\frac{\theta}{2} = \sqrt{\frac{M}{N}}$$

由此可导出需要迭代次数的一个非常好的上界:

$$R = \text{CI}\left(\frac{\arccos\sqrt{M/N}}{\theta}\right) \approx \arccos\sqrt{M/N} \times \frac{1}{\theta} \leqslant \frac{\pi}{2} \times \frac{1}{\theta}$$

$$\approx \frac{\pi}{2} \times \frac{1}{2\sqrt{M/N}} = \frac{\pi}{4} \times \frac{1}{\sqrt{M/N}} \xrightarrow{\text{CI}(*)} R \leqslant \left\lceil \frac{\pi}{4}\sqrt{\frac{N}{M}} \right\rceil$$

即必须进行 $R = O(\sqrt{N/M})$ 次 Grover 迭代(从而 oracle 调用),才能以高的概率得到搜索问题的一个解,这是对经典算法要求的 $O(N/M)$ 次 oracle 调用的二次加速。

小结 给定搜索空间 N(个)和解空间 M(个),可以根据 $\sin\theta = \frac{2\sqrt{M(N-M)}}{N}$ 计算出 θ,再根据 $\text{CI}\left(\frac{\arccos\sqrt{M/N}}{\theta}\right)$ 计算出 R,即可得出搜索并确定 M 个解需要多少次 Grover 迭代。结果当然满足 $R \leqslant \left\lceil \frac{\pi}{4}\sqrt{\frac{N}{M}} \right\rceil$。例如,当 $N = 4, M = 1$ 时,$\sin\theta = \frac{2\sqrt{M(N-M)}}{N} = \frac{\sqrt{3}}{2} \Rightarrow \theta = \frac{\pi}{3}$;$\text{CI}\left(\frac{\arccos\sqrt{1/4}}{\theta}\right) \Rightarrow 1$。又 $R \leqslant \left\lceil \frac{\pi}{4}\sqrt{\frac{4}{1}} \right\rceil = \left\lceil \frac{\pi}{2} \right\rceil = 2$。

对 $M = 1$ 情况下的量子搜索算法总结如下:

算法 量子搜索

输入 (1)进行变换 $O|x\rangle|q\rangle = |x\rangle|q \oplus f(x)\rangle$ 的黑箱 oracle O,其中对除 x_0 外的所有 $0 \leqslant x < 2^n$,$f(x) = 0$,而 $f(x_0) = 1$;(2)处于状态 $|0\rangle$ 的 $n+1$ 量子比特。

输出 x_0。

运行时间 $O(\sqrt{2^n})$ 次运算,以 $O(1)$ 的概率成功。

过程

第6章 量子搜索算法的阅读辅导与习题练习

(1) $|0\rangle^{\otimes n}|0\rangle$ //初态

(2) $\to \left(\dfrac{1}{\sqrt{2^n}}\sum\limits_{x=0}^{2^n-1}|x\rangle\right)\left[\dfrac{|0\rangle-|1\rangle}{\sqrt{2}}\right]$ //应用 $\boldsymbol{H}^{\otimes n}$ 到前 n 个量子比特,应用 $\boldsymbol{HX}$ 到最后一个量子比特

(3) $\to [(2|\psi\rangle\langle\psi|-\boldsymbol{I})\boldsymbol{O}]^R\left(\dfrac{1}{\sqrt{2^n}}\sum\limits_{x=0}^{2^n-1}|x\rangle\right)\left(\dfrac{|0\rangle-|1\rangle}{\sqrt{2}}\right)$

$\approx |x_0\rangle\left(\dfrac{|0\rangle-|1\rangle}{\sqrt{2}}\right)$ //应用 Grover 迭代 $R\approx \lceil \pi\sqrt{2^n}/4\rceil$ 次

(4) $\to x_0$ //测量前 n 个量子比特

练习6.4 像上面那样,对多解情况 $1<M<N/2$,给出量子搜索算法的具体步骤。

解:对于 $1<M<N/2$ 的多解情况,已知 R 仅依赖于解的数目 M,不依赖于解的性质,因此如果已知 M,那么就可以使用上述算法所描述的搜索思想。

可以如下描述多解的量子搜索算法:

例,设 $N=8, M=3$,取 $n=3$,设解为 $x_0\in\{x_u,x_v,x_k\}$。oracle $\boldsymbol{O}$ 对除 $x=x_0$ 外的所有 x 有 $f(x)=0$,而 $f(x_0)=1$,可取为如下图八种线路中的任何一种,从左到右分别对应:$x=0,1,2,3,4,5,6,7$,其中顶上三个量子比特承载对 x 的查询,而底下的量子比特承载 oracle 的响应。

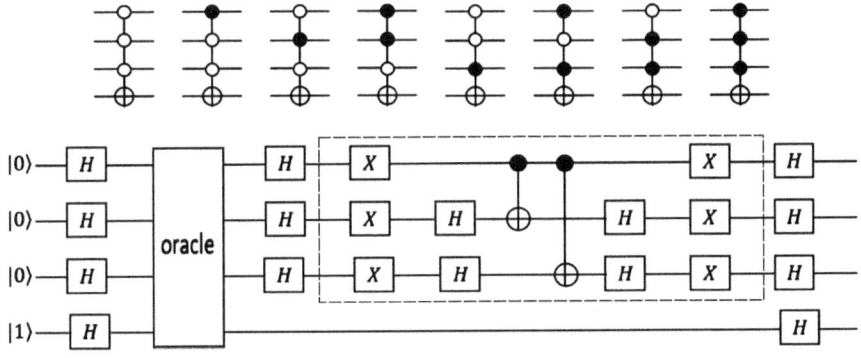

图 6-8 $n=3$ 多解情况下量子搜索算法的逻辑电路图

初态为 $|0\rangle^{\otimes 3}|1\rangle$。计算 R：

$$\sin\theta = \frac{2\sqrt{M(N-M)}}{N} \approx 0.96824$$

$\theta \approx 1.3181,(\theta \approx 76°,\theta/2 \approx 38°)$。

$$R = \text{CI}\left(\frac{\arccos\sqrt{3/8}}{\theta}\right) = \text{CI}\left(\frac{0.91174}{1.3181}\right) = \lceil 0.6917 \rceil = 1$$

$|0\rangle^{\otimes 3} \Rightarrow \{|000\rangle,|001\rangle,|010\rangle,|011\rangle,|100\rangle,|101\rangle,|110\rangle,|111\rangle\}$，对应

$$|\psi\rangle = \frac{|000\rangle+|001\rangle+|010\rangle+|011\rangle+|100\rangle+|101\rangle+|110\rangle+|111\rangle}{2\sqrt{2}}|1\rangle$$

叠加态 $|\psi\rangle$ 执行一次 Grover 算子 $\boldsymbol{G}$，oracle $\boldsymbol{O}$ 即可实现对某个 $|x_0\rangle \in \{|x_u\rangle,|x_v\rangle,|x_k\rangle\}$ 的搜索，即 oracle $\boldsymbol{O}$ 对除 $x=x_0$ 外的所有 x 有 $f(x)=0$，而 $f(x_0)=1$，

$$|x\rangle \xrightarrow{\boldsymbol{O}} (-1)^{f(x)}|x\rangle$$

即执行 oracle 一次 $\theta \approx 76°$，即可把 $|\psi\rangle$ 旋转到离 $|\beta\rangle$ 的 $\theta/2 \leqslant \pi/4$ 的角度范围内，此时在计算基中对状态 $|\psi\rangle$ 进行观测，将至少以 $1/2$ 的概率给出搜索问题的一个解，显然该算法将以 $O(1)$ 的概率给出搜索问题的一个解。

条件相移算子为 $2|000\rangle\langle 000|-\boldsymbol{I}$。

[注：当 $N=400$ 和 $M=3$ 时，$R \leqslant \lceil 9.069 \rceil = 10$，理论上执行 oracle 10 次，该算法将以 $O(1)$ 的概率给出搜索问题的一个解。]

算法（$N=8,M=3,n=3$）

输入　制备 $n+1=4$ 个量子比特处于状态 $|0\rangle$；对前 3 个量子比特进行 oracle 变换 $\boldsymbol{O}|x\rangle|q\rangle = |x\rangle|q \oplus f(x)\rangle$，其中对除 $x_0 \in \{|x_u\rangle,|x_v\rangle,|x_k\rangle\}$ 外的所有 $0 \leqslant x < N, f(x)=0$，而 $f(x_0)=1$。

输出　x_0。

运行时间　$O(\sqrt{N})$ 次运算，以 $O(1)$ 的概率成功。

过程（注：$n=3$）

(1) $|0\rangle^{\otimes n}|1\rangle$ //初态

(2) $\rightarrow \left(\dfrac{1}{\sqrt{2^n}}\sum_{x=0}^{2^n-1}|x\rangle\right)\left(\dfrac{|0\rangle-|1\rangle}{\sqrt{2}}\right)$ //应用 $\boldsymbol{H}^{\otimes n}$ 到前 n 个量子比特，应用 $\boldsymbol{H}$ 到最后 1 个量子比特

(3) $\rightarrow [(2|\psi\rangle\langle\psi|-\boldsymbol{I})\boldsymbol{O}]^R\left(\dfrac{1}{\sqrt{2^n}}\sum_{x=0}^{2^n-1}|x\rangle\right)\left(\dfrac{|0\rangle-|1\rangle}{\sqrt{2}}\right)$

$\approx |x_0\rangle\left(\dfrac{|0\rangle-|1\rangle}{\sqrt{2}}\right)$ //应用 Grover 迭代 $R \approx \left\lceil \dfrac{\pi\sqrt{N/M}}{4} \right\rceil = \lceil 1.2825 \rceil = 2$ 次

(4) $\rightarrow x_0$ //测量前 n 个量子比特，输出 x_0

> **练习 6.5** 证明用一次 $\boldsymbol{O}$ 调用，基本量子门和附加的量子比特 $|q\rangle$ 可以构造增广的 oracle $\boldsymbol{O}'$。

证明：当多于 1/2 的元是搜索问题的解，即 $M \geqslant N/2$ 时，通过增加 N 个均不为解的元到搜索空间，使得搜索空间元的数量增加一倍，结果在新构建的搜索空间中满足 $M \leqslant N/2$ 的条件。即通过在搜索指标上增加一个附加的量子比特 $|q\rangle$，即可把要搜索的元的数目加倍到 $2N$ 个来实现（图 6-9、图 6-10）。

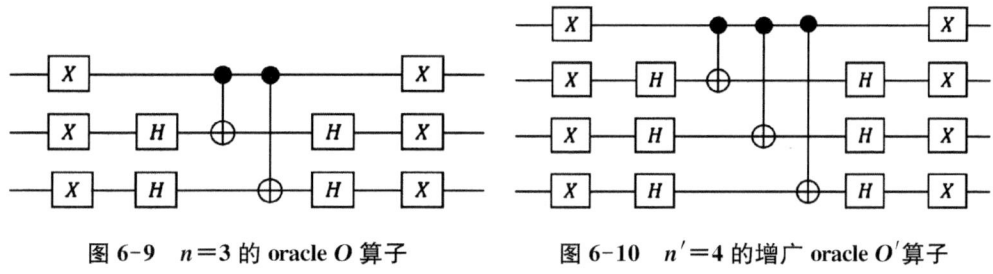

图 6-9 $n=3$ 的 oracle $\boldsymbol{O}$ 算子   图 6-10 $n'=4$ 的增广 oracle $\boldsymbol{O}'$ 算子

oracle $\boldsymbol{O}$ 基本量子门和附加的量子比特 $|q\rangle$ 可以构造一个新的增广 oracle $\boldsymbol{O}'$，它依然是仅标记搜索问题的解，且把附加位设置为 0。

例：以练习 6.4 为例，设最初 $N=8$，则 $n=3$，若取 $M=5$，显然 $M \geqslant N/2$。若此时取 $n=4$，即搜索指标增加一个单量子比特 $|x\rangle$，搜索元的数目就翻倍到 $2N=16$，此时多解情况化为 $1 < M < N/2$。

$$|\psi\rangle = \frac{|0000\rangle + |0001\rangle + |0010\rangle + \cdots + |1110\rangle + |1111\rangle}{4}$$

$$= \sum_{x_1 x_2 x_3 x_4 \in \{0,1\}^4} \frac{|x_1 x_2 x_3 x_4\rangle}{4}$$

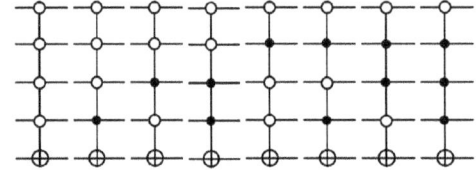 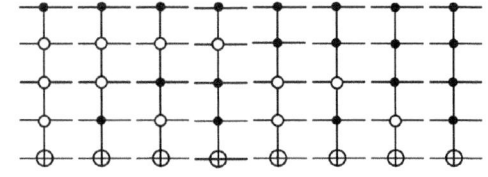

(a) 从左至右对应 $x_0 = 0, 1, 2, 3, 4, 5, 6, 7$ Toffoli 门

(b) 从左至右对应 $x_0 = 8, 9, 10, 11, 12, 13, 14, 15$ Toffoli 门

图 6-11 $N=4$ 的 Toffoli 门的集合

其中 oracle $\boldsymbol{O}'$ 的函数 $f'(x)$ 定义如下：

$$|x\rangle \xrightarrow{\boldsymbol{O}'} (-1)^{f'(x)} |x\rangle, \quad f'(x) = \begin{cases} f(x) & x_4 = |0\rangle \\ 0 & x_4 = |1\rangle \end{cases}$$

oracle $\boldsymbol{O}'$ 对除 $x = x_0$ 外的所有 x 有 $f(x) = 0$，而 $f(x_0) = 1$。显然增广算子 oracle $\boldsymbol{O}'$ 只增加了 5 个基本量子门（2 个 H 门和 2 个 X 门以及 1 个控制非门）以及附加的量子比特。

练习 6.6 验证：除了一个不要紧的全局相位因子，以下量子线路中的门完成相移运算 $2|00\rangle\langle 00| - \boldsymbol{I}$。

解：根据题意，量子线路如图 6-12 所示，则

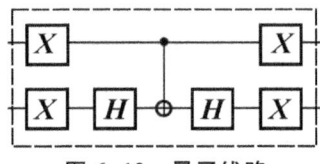

图 6-12 量子线路

$$U_{CPS} = (X \otimes XH)U_{CN}(X \otimes HX) = -\begin{bmatrix} 1 & 0 & 0 & 0 \\ 0 & -1 & 0 & 0 \\ 0 & 0 & -1 & 0 \\ 0 & 0 & 0 & -1 \end{bmatrix}$$

$$= e^{i\pi}(2|00\rangle\langle 00| - I)$$

因为

$$X \equiv \begin{bmatrix} 0 & 1 \\ 1 & 0 \end{bmatrix}, \quad H \equiv \frac{1}{\sqrt{2}}\begin{bmatrix} 1 & 1 \\ 1 & -1 \end{bmatrix}, \quad XH = \frac{1}{\sqrt{2}}\begin{bmatrix} 1 & -1 \\ 1 & 1 \end{bmatrix}, \quad HX = \frac{1}{\sqrt{2}}\begin{bmatrix} 1 & 1 \\ -1 & 1 \end{bmatrix},$$

$$U_{CN} \equiv \begin{bmatrix} 1 & 0 & 0 & 0 \\ 0 & 1 & 0 & 0 \\ 0 & 0 & 0 & 1 \\ 0 & 0 & 1 & 0 \end{bmatrix}, \quad X \otimes XH = \frac{1}{\sqrt{2}}\begin{bmatrix} 0 & 0 & 1 & -1 \\ 0 & 0 & 1 & 1 \\ 1 & -1 & 0 & 0 \\ 1 & 1 & 0 & 0 \end{bmatrix},$$

$$X \otimes HX = \frac{1}{\sqrt{2}}\begin{bmatrix} 0 & 0 & 1 & 1 \\ 0 & 0 & -1 & 1 \\ 1 & 1 & 0 & 0 \\ -1 & 1 & 0 & 0 \end{bmatrix}$$

所以

$$U_{CPS} = (X \otimes XH)U_{CN}(X \otimes HX)$$

$$= \frac{1}{2}\begin{bmatrix} 0 & 0 & 1 & -1 \\ 0 & 0 & 1 & 1 \\ 1 & -1 & 0 & 0 \\ 1 & 1 & 0 & 0 \end{bmatrix}\begin{bmatrix} 1 & 0 & 0 & 0 \\ 0 & 1 & 0 & 0 \\ 0 & 0 & 0 & 1 \\ 0 & 0 & 1 & 0 \end{bmatrix}\begin{bmatrix} 0 & 0 & 1 & 1 \\ 0 & 0 & -1 & 1 \\ 1 & 1 & 0 & 0 \\ -1 & 1 & 0 & 0 \end{bmatrix}$$

$$= \frac{1}{2}\begin{bmatrix} -2 & 0 & 0 & 0 \\ 0 & 2 & 0 & 0 \\ 0 & 0 & 2 & 0 \\ 0 & 0 & 0 & 2 \end{bmatrix} = -\begin{bmatrix} 1 & 0 & 0 & 0 \\ 0 & -1 & 0 & 0 \\ 0 & 0 & -1 & 0 \\ 0 & 0 & 0 & -1 \end{bmatrix}$$

$$= e^{i\pi}\begin{bmatrix} 1 & 0 & 0 & 0 \\ 0 & -1 & 0 & 0 \\ 0 & 0 & -1 & 0 \\ 0 & 0 & 0 & -1 \end{bmatrix} = e^{i\pi}\left(2\begin{bmatrix} 1 & 0 & 0 & 0 \\ 0 & 0 & 0 & 0 \\ 0 & 0 & 0 & 0 \\ 0 & 0 & 0 & 0 \end{bmatrix} - \begin{bmatrix} 1 & 0 & 0 & 0 \\ 0 & 1 & 0 & 0 \\ 0 & 0 & 1 & 0 \\ 0 & 0 & 0 & 1 \end{bmatrix}\right)$$

$$= e^{i\pi}(2|00\rangle\langle 00| - \boldsymbol{I})$$

其中 $e^{i\pi}$ 就是一个不要紧的全局相位因子。

6.2 作为量子仿真的量子搜索

阅读内容

构建解决搜索问题的一个 Hamilton 量，即设计出依赖于解 x 和初态 $|\psi\rangle$ 的 Hamilton 量 $\boldsymbol{H}$，使得按照 $\boldsymbol{H}$ 演化的量子系统在给定时间内从 $|\psi\rangle$ 跑到 $|x\rangle$。量子搜索的目的是把 $|\psi\rangle$ 变到 $|x\rangle$ 或其近似量，我们要分析什么样的 Hamilton 量才合适引起这样的演化。显然，此时的 Hamilton 量应该是一个纯粹由项 $|\psi\rangle$ 和 $|x\rangle$ 构成的 Hamilton 算子 $\boldsymbol{H}$，是由 $|\psi\rangle\langle\psi|,|x\rangle\langle x|,|\psi\rangle\langle x|,|x\rangle\langle\psi|$ 这些项的和构成的。最简单的 Hamilton 量或许是：

$$\boldsymbol{H} = |x\rangle\langle x| + |\psi\rangle\langle\psi| \tag{6.24}$$

$$\boldsymbol{H} = |x\rangle\langle\psi| + |\psi\rangle\langle x| \tag{6.25}$$

经过时间 t，初态为 $|\psi\rangle$ 的按照 Hamilton 量 $\boldsymbol{H}$ 演化的一个量子系统的状态由式（6.26）给出：

$$\exp(-i\boldsymbol{H}t)|\psi\rangle \tag{6.26}$$

$$|\psi\rangle = \frac{\sum_x |x\rangle}{\sqrt{N}} \tag{6.27}$$

注：找出描述特定物理系统的 Hamilton 量一般是个很难的问题！

练习 6.7 验证图 6-13 和图 6-14 所示线路分别实现运算 $\exp(-i|x\rangle\langle x|\Delta t)$ 和 $\exp(-i|\psi\rangle\langle \psi|\Delta t)$，其中 $|\psi\rangle$ 如式(6.27)所示。

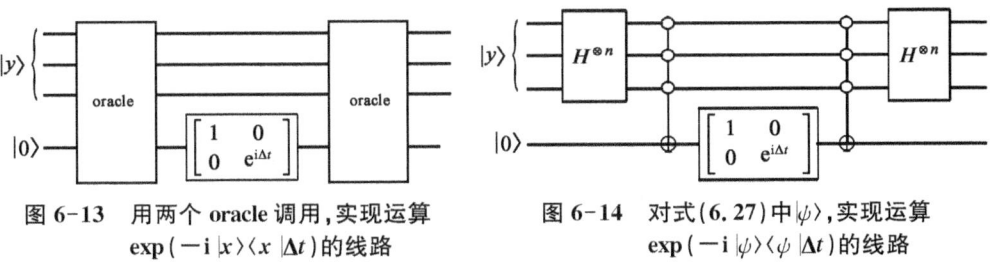

图 6-13　用两个 oracle 调用，实现运算 $\exp(-i|x\rangle\langle x|\Delta t)$ 的线路

图 6-14　对式(6.27)中$|\psi\rangle$，实现运算 $\exp(-i|\psi\rangle\langle \psi|\Delta t)$ 的线路

证明：根据题意，回顾题解丛书(1)第 2 章 2.2.2 节演化中的表述，初态为 $|\psi\rangle$，经过时间 t，按照 Hamilton 量演化的量子系统的状态，可由

$$\exp(-i\boldsymbol{H}t)|\psi\rangle$$

给出。直观上理解起来很容易：经过时间 t，把 $|\psi\rangle$ 旋转到：

$$\begin{aligned}
(\boldsymbol{I}-i\boldsymbol{H}t)|\psi\rangle &= |\psi\rangle - (i\boldsymbol{H}t)|\psi\rangle \\
&= |\psi\rangle - it(|x\rangle\langle x| + |\psi\rangle\langle \psi|)|\psi\rangle \\
&= |\psi\rangle - it|x\rangle\langle x|\psi\rangle - it|\psi\rangle\langle \psi|\psi\rangle \\
&= (1-it)|\psi\rangle - it\langle x|\psi\rangle|x\rangle
\end{aligned}$$

即 $|\psi\rangle$ 在 $|x\rangle$ 的方向上略作旋转。我们分析是否存在 t，使得 $\exp(-i\boldsymbol{H}t)|\psi\rangle = |x\rangle$，我们可以把分析限制在由 $|x\rangle$ 和 $|\psi\rangle$ 张成的二维空间，执行 Gram-Schmidt 过程，可以找到 $|y\rangle$，使得 $|x\rangle$ 和 $|y\rangle$ 构成该空间的标准正交基，且

$$|\psi\rangle = \alpha|x\rangle + \beta|y\rangle \tag{6.28}$$

其中 α 和 β 满足 $\alpha^2 + \beta^2 = 1$。为了方便起见，我们还假定选择 $|x\rangle$ 和 $|y\rangle$ 的相位，使得 α 和 β 是非负实数。在 $|x\rangle = \begin{bmatrix} 1 \\ 0 \end{bmatrix}$ 和 $|y\rangle = \begin{bmatrix} 0 \\ 1 \end{bmatrix}$ 基中，显然

$$\boldsymbol{H} = |x\rangle\langle x| + |\psi\rangle\langle\psi| = \begin{bmatrix} 1 & 0 \\ 0 & 0 \end{bmatrix} + \begin{bmatrix} \alpha^2 & \alpha\beta \\ \alpha\beta & \beta^2 \end{bmatrix} = \begin{bmatrix} 1+\alpha^2 & \alpha\beta \\ \alpha\beta & 1-\alpha^2 \end{bmatrix}$$

$$= \boldsymbol{I} + \alpha(\beta\boldsymbol{X} + \alpha\boldsymbol{Z}) \tag{6.29}$$

因此

$$\begin{aligned}
\exp(-\mathrm{i}\boldsymbol{H}t)|\psi\rangle &= \exp\{-\mathrm{i}t[\boldsymbol{I} + \alpha(\beta\boldsymbol{X} + \alpha\boldsymbol{Z})]\}|\psi\rangle \\
&= \exp[-\mathrm{i}t\boldsymbol{I} - \mathrm{i}t\alpha(\beta\boldsymbol{X} + \alpha\boldsymbol{Z})]|\psi\rangle \\
&= \exp(-\mathrm{i}t\boldsymbol{I})\exp[-\mathrm{i}t\alpha(\beta\boldsymbol{X} + \alpha\boldsymbol{Z})]|\psi\rangle \\
&= \exp(-\mathrm{i}t)[\cos(\alpha t)|\psi\rangle - \mathrm{i}\sin(\alpha t)(\beta\boldsymbol{X} + \alpha\boldsymbol{Z})|\psi\rangle]
\end{aligned} \tag{6.30}$$

式(6.30)中的全局相位因子 $\exp(-\mathrm{i}t)$ 可以忽略，且

$$(\beta\boldsymbol{X} + \alpha\boldsymbol{Z})|\psi\rangle = \left(\beta\begin{bmatrix} 0 & 1 \\ 1 & 0 \end{bmatrix} + \alpha\begin{bmatrix} 1 & 0 \\ 0 & -1 \end{bmatrix}\right)(\alpha|x\rangle + \beta|y\rangle)$$

$$= \begin{bmatrix} \alpha & \beta \\ \beta & -\alpha \end{bmatrix}\begin{bmatrix} \alpha \\ \beta \end{bmatrix} = \begin{bmatrix} 1 \\ 0 \end{bmatrix} \equiv |x\rangle$$

所以 t 时间后的状态为：

$$\cos(\alpha t)|\psi\rangle - \mathrm{i}\sin(\alpha t)|x\rangle$$

于是当 $t = \dfrac{\pi}{2\alpha}$ 时，对系统的观测以概率 1 产生结果 $|x\rangle$，即我们已找到搜索问题的一个解。

注意：此时因为

$$|\psi\rangle = \alpha |x\rangle + \beta |y\rangle$$

即观测时间依赖于 $|\psi\rangle$ 在 $|x\rangle$ 方向的分量 α，从而依赖于 $|x\rangle$，而 $|x\rangle$ 是所要确定的。有效的解决办法是尝试使 α 对所有的 x 相同，即把 $|\psi\rangle$ 选为均匀叠加态式(6.27)：

$$|\psi\rangle = \frac{\sum_x |x\rangle}{\sqrt{N}}$$

这样的选择对所有 x 都有 $\alpha = 1/\sqrt{N}$，于是观测时间 $t = \pi\sqrt{N/2}$ 不依赖于对 x 值的了解。进而状态式(6.27)还有一个明显的优点，即我们可以知道如何通过做 Hamilton 变换来制备这样的状态。

1. 根据图 6-13 线路所示，

① 若输入的 $|y\rangle$ 为解 $|x\rangle$，即 $|y\rangle = |x\rangle$，则有：

$$\boldsymbol{O}|y\rangle|0\rangle \Rightarrow \boldsymbol{O}|x\rangle|0\rangle = (-1)^{f(x)}|x\rangle|0+f(x)\rangle \xrightarrow{f(x)=1}$$

$$-|x\rangle|1\rangle \xrightarrow{\begin{bmatrix}1 & 0\\ 0 & e^{i\Delta t}\end{bmatrix}} -|x\rangle \begin{bmatrix}1 & 0\\ 0 & e^{i\Delta t}\end{bmatrix}|1\rangle$$

$$= -|x\rangle \begin{bmatrix}1 & 0\\ 0 & e^{i\Delta t}\end{bmatrix}\begin{bmatrix}0\\ 1\end{bmatrix} = -|x\rangle \begin{bmatrix}0\\ e^{i\Delta t}\end{bmatrix}$$

$$= -e^{i\Delta t}|x\rangle \begin{bmatrix}0\\ 1\end{bmatrix} \xrightarrow{\boldsymbol{O}} -e^{i\Delta t}\boldsymbol{O}|x\rangle|1\rangle$$

$$= -e^{i\Delta t}(-1)^{f(x)}|x\rangle|1+f(x)\rangle \xrightarrow{f(x)=1} e^{i\Delta t}|x\rangle|0\rangle$$

若输入的 $|y\rangle$ 为非解，即 $|y\rangle \neq |x\rangle$，($|y\rangle \in \{|z\rangle\}$)，则有：

$$\boldsymbol{O}|y\rangle|0\rangle \Rightarrow \boldsymbol{O}|z\rangle|0\rangle = (-1)^{f(z)}|z\rangle|0+f(z)\rangle$$

$$\xrightarrow{f(z)=0} |z\rangle |0\rangle \xrightarrow{\begin{bmatrix}1 & 0 \\ 0 & e^{i\Delta t}\end{bmatrix}} |z\rangle \begin{bmatrix}1 & 0 \\ 0 & e^{i\Delta t}\end{bmatrix} |0\rangle$$

$$= |z\rangle \begin{bmatrix}1 & 0 \\ 0 & e^{i\Delta t}\end{bmatrix} \begin{bmatrix}1 \\ 0\end{bmatrix} = |z\rangle \begin{bmatrix}1 \\ 0\end{bmatrix}$$

$$\xrightarrow{O} \mathbf{O} |z\rangle |0\rangle = |z\rangle |0\rangle$$

即输入的 $|y\rangle$ 为解 $|x\rangle$ 时,则有一个旋转,当 $\Delta t = -\dfrac{\pi}{2}$ 时,

$$e^{i\Delta t} |x\rangle |0\rangle = -|x\rangle |0\rangle$$

② 因为运算 $\exp(-i|x\rangle\langle x|\Delta t)$ 可以写成如下算子的形式:

$$\exp(-i|x\rangle\langle x|\Delta t) = e^{-i\Delta t}\begin{bmatrix}1 & 0 \\ 0 & 0\end{bmatrix}$$

其中 $|x\rangle$ 是解。显然当输入的 $|y\rangle$ 为解 $|x\rangle$ 时,有:

$$\exp(-i|x\rangle\langle x|\Delta t)|x\rangle = \exp(-i\Delta t \langle x|x\rangle |x\rangle)$$

$$= \exp(-i\Delta t |x\rangle) = \begin{bmatrix}e^{-i\Delta t} \\ 0\end{bmatrix}$$

$$= e^{-i\Delta t} |x\rangle$$

或

$$\exp(-i|x\rangle\langle x|\Delta t)|x\rangle = e^{-i\Delta t}\begin{bmatrix}1 & 0 \\ 0 & 0\end{bmatrix}\begin{bmatrix}1 \\ 0\end{bmatrix} = e^{-i\Delta t} |x\rangle$$

当输入的 $|y\rangle$ 为非解,即 $|y\rangle \neq |x\rangle$ 时($|y\rangle \in \{|z\rangle\}$),有:

$$\exp(-i|x\rangle\langle x|\Delta t)|z\rangle = \exp(-i\Delta t \langle x|z\rangle |x\rangle) = e^0 = 1$$

所以图 6-13 所示线路的运算与算符 $\exp(-i|x\rangle\langle x|\Delta t)$ 实现的运算等价。

2. 根据练习提示的叠加态,

$$|\psi\rangle = \frac{\sum_x |x\rangle}{\sqrt{N}}, \text{则}$$

$$|\psi\rangle\langle\psi| = \frac{1}{N}\sum_x |x\rangle\langle x|$$

$$\exp(-\mathrm{i}|\psi\rangle\langle\psi|\Delta t) = \exp\left(-\mathrm{i}\frac{\Delta t}{N}\sum_x |x\rangle\langle x|\right)$$

$$= \exp\left(-\mathrm{i}\frac{\Delta t}{N}\sum_x \begin{bmatrix}1 & 0\\0 & 0\end{bmatrix}\right)$$

$$= \exp\left(-\mathrm{i}\frac{\Delta t}{N}\begin{bmatrix}M & 0\\0 & 0\end{bmatrix}\right)$$

$$= \exp\left(-\mathrm{i}\frac{M\Delta t}{N}\begin{bmatrix}1 & 0\\0 & 0\end{bmatrix}\right) = \begin{bmatrix}\mathrm{e}^{-\mathrm{i}\frac{M}{N}\Delta t} & 0\\0 & 0\end{bmatrix}$$

$$= \mathrm{e}^{-\mathrm{i}\frac{M}{N}\Delta t}\begin{bmatrix}1 & 0\\0 & 0\end{bmatrix} \xrightarrow{\text{当}M=1\text{时}} \mathrm{e}^{-\mathrm{i}\frac{\Delta t}{N}}\begin{bmatrix}1 & 0\\0 & 0\end{bmatrix}$$

① 若输入的 $|y\rangle$ 为解 $|x\rangle$，即 $|y\rangle = |x\rangle$，则有：

$$\exp(-\mathrm{i}|\psi\rangle\langle\psi|\Delta t)|x\rangle = \begin{bmatrix}\mathrm{e}^{-\mathrm{i}\frac{M}{N}\Delta t} & 0\\0 & 0\end{bmatrix}\begin{bmatrix}1\\0\end{bmatrix} = \mathrm{e}^{-\mathrm{i}\frac{M}{N}\Delta t}\begin{bmatrix}1\\0\end{bmatrix}$$

$$= \mathrm{e}^{-\mathrm{i}\frac{M}{N}\Delta t}|x\rangle \xrightarrow{\text{当}M=1\text{时}} \mathrm{e}^{-\mathrm{i}\frac{\Delta t}{N}}|x\rangle$$

② 若输入的 $|y\rangle$ 为非解，即 $|y\rangle \neq |x\rangle$（$|y\rangle \in \{|z\rangle\}$），则有：

$$\exp(-\mathrm{i}|\psi\rangle\langle\psi|\Delta t)|z\rangle = \mathrm{e}^{-\mathrm{i}\frac{M}{N}\Delta t}\begin{bmatrix}1 & 0\\0 & 0\end{bmatrix}\begin{bmatrix}0\\1\end{bmatrix} = |z\rangle$$

根据图 6-14 线路所示，取 $|y\rangle = |y_1, y_2, y_3\rangle$，$n=3$，则 $N=2^3$。

$$H^{\otimes n}|y\rangle = \frac{1}{\sqrt{N}}\sum_{y=0}^{N-1}|y\rangle = \frac{1}{\sqrt{N}}(|000\rangle + |001\rangle + \cdots + |111\rangle)$$

$$H^{\otimes n}|y\rangle|0\rangle = \frac{1}{\sqrt{N}}(|000\rangle + |001\rangle + \cdots + |111\rangle)|0\rangle$$

$$\xrightarrow{|000\rangle\text{通过控制非门}} \frac{1}{\sqrt{N}}|000\rangle|1\rangle$$

$$\xrightarrow{\begin{bmatrix}1 & 0 \\ 0 & e^{i\Delta t}\end{bmatrix}} \frac{1}{\sqrt{N}}|000\rangle\begin{bmatrix}1 & 0 \\ 0 & e^{i\Delta t}\end{bmatrix}\begin{bmatrix}0 \\ 1\end{bmatrix}$$

$$= \frac{1}{\sqrt{N}}|000\rangle\begin{bmatrix}0 \\ e^{i\Delta t}\end{bmatrix}$$

$$= \frac{e^{i\Delta t}}{\sqrt{N}}|000\rangle\begin{bmatrix}0 \\ 1\end{bmatrix}$$

$$= \frac{e^{i\Delta t}}{\sqrt{N}}|000\rangle|1\rangle$$

$$\xrightarrow{|000\rangle\text{通过控制非门}} \frac{e^{i\Delta t}}{\sqrt{N}}|000\rangle|0\rangle$$

$$\xrightarrow{H^{\otimes n}} e^{i\Delta t}|y\rangle|0\rangle$$

$$H^{\otimes n}|y\rangle|0\rangle = \frac{1}{\sqrt{N}}(|000\rangle + |001\rangle + \cdots + |111\rangle)|0\rangle$$

$$\xrightarrow{\text{任}-|y_1,y_2,y_3\rangle \neq |000\rangle\text{通过控制非门}} \frac{1}{\sqrt{N}}|y_1,y_2,y_3\rangle|0\rangle$$

$$\xrightarrow{\begin{bmatrix}1 & 0 \\ 0 & e^{i\Delta t}\end{bmatrix}} \frac{1}{\sqrt{N}}|y_1,y_2,y_3\rangle\begin{bmatrix}1 & 0 \\ 0 & e^{i\Delta t}\end{bmatrix}\begin{bmatrix}1 \\ 0\end{bmatrix}$$

$$= \frac{1}{\sqrt{N}} |y_1, y_2, y_3\rangle \begin{bmatrix} 1 \\ 0 \end{bmatrix} \xrightarrow{|y_1,y_2,y_3\rangle 通过控制非门}$$

$$\frac{1}{\sqrt{N}} |y_1, y_2, y_3\rangle |0\rangle \xrightarrow{H^{\otimes n}} |y\rangle |0\rangle$$

所以图 6-14 所示线路的运算与算符 $\exp(-\mathrm{i}|\psi\rangle\langle\psi|\Delta t)$ 实现的运算等价。

练习 6.8 设仿真步的精度可达 $O(\Delta t^r)$，证明以合理精度模拟 $\boldsymbol{H}$ 需要的 oracle 调用次数是 $O(N^{r/2(r-1)})$。注意当 r 增大时，N 的指数接近 $1/2$。

证明： 假设用长为 Δt 的仿真步长，根据题意，设仿真步的精度可达 $O(\Delta t^r)$，则需要的总步数等于：

$$\frac{t}{\Delta t} = \Theta\left(\frac{\sqrt{N}}{\Delta t}\right)$$

于是累积误差则为：

$$O\left(\Delta t^r \times \frac{\sqrt{N}}{\Delta t}\right) = O(\Delta t^{r-1} \times \sqrt{N})$$

为得到模拟 Hamilton 算子 $\boldsymbol{H}$ 合理精度的高成功率，我们需要控制误差为 $O(1)$，这意味着必须选择：

$$\Delta t = \Theta\left(\frac{1}{\sqrt[2(r-1)]{N}}\right) = \Theta(N^{-1/2(r-1)})$$

结果将导致总共需要

$$O\left(\frac{\sqrt{N}}{\Delta t}\right) = O\left(\frac{N^{1/2}}{N^{-1/2(r-1)}}\right) = O(N^{r/2(r-1)})$$

次 oracle 调用。显然当 r 增大时，$\lim\limits_{r \to \infty} N^{r/2(r-1)} = N^{1/2}$，即 N 的指数接近 $1/2$。

练习 6.9 验证式：$U(\Delta t) \equiv \exp(-\mathrm{i}|x\rangle\langle x|\Delta t)\exp(-\mathrm{i}|\psi\rangle\langle\psi|\Delta t)$ 与式(6.31)，除了一个不要紧的全局相位因子外两者等价。

$$U(\Delta t) = \left[\cos^2\left(\frac{\Delta t}{2}\right) - \sin^2\left(\frac{\Delta t}{2}\right)\boldsymbol{\psi}\cdot\hat{z}\right]\boldsymbol{I} - 2\mathrm{i}\sin\left(\frac{\Delta t}{2}\right)\left[\cos\left(\frac{\Delta t}{2}\right)\frac{\boldsymbol{\psi}+\hat{z}}{2} + \sin\left(\frac{\Delta t}{2}\right)\frac{\boldsymbol{\psi}\times\hat{z}}{2}\right]\cdot\boldsymbol{\sigma} \qquad (6.31)$$

证明： 根据提示，已知 $\boldsymbol{\psi}=(2\alpha\beta,0,(\alpha^2-\beta^2))$，$\hat{z}=(0,0,1)$，$\boldsymbol{\sigma}\equiv(\boldsymbol{X},\boldsymbol{Y},\boldsymbol{Z})$，且 $|\psi\rangle\equiv\alpha|x\rangle+\beta|y\rangle$，其中 α 和 β 满足 $\alpha^2+\beta^2=1$。

推导(1)：

设 $\hat{n}_1 = (n_{1x},n_{1y},n_{1z})$，$\hat{n}_2 = (n_{2x},n_{2y},n_{2z})$，则 $\hat{n}_1$ 和 $\hat{n}_2$ 的内积和外积分别为：

$$\hat{n}_1\cdot\hat{n}_2 = n_{1x}n_{2x} + n_{1y}n_{2y} + n_{1z}n_{2z}$$

$$\hat{n}_1\times\hat{n}_2 = (n_{1y}n_{2z} - n_{1z}n_{2y},\, n_{1z}n_{2x} - n_{1x}n_{2z},\, n_{1x}n_{2y} - n_{1y}n_{2x}) = -\hat{n}_2\times\hat{n}_1$$

则，式(6.31)可有以下推导：

$$U(\Delta t) = \left[\cos^2\left(\frac{\Delta t}{2}\right) - \sin^2\left(\frac{\Delta t}{2}\right)\boldsymbol{\psi}\cdot\hat{z}\right]\boldsymbol{I} - 2\mathrm{i}\sin\left(\frac{\Delta t}{2}\right)\left[\cos\left(\frac{\Delta t}{2}\right)\frac{\boldsymbol{\psi}+\hat{z}}{2} + \sin\left(\frac{\Delta t}{2}\right)\frac{\boldsymbol{\psi}\times\hat{z}}{2}\right]\cdot\boldsymbol{\sigma}$$

$$= \left[\cos^2\left(\frac{\Delta t}{2}\right) - \sin^2\left(\frac{\Delta t}{2}\right)\right]\boldsymbol{I} - \left[2\mathrm{i}\sin\left(\frac{\Delta t}{2}\right)\cos\left(\frac{\Delta t}{2}\right)\frac{\boldsymbol{\psi}+\hat{z}}{2}\right]\cdot\boldsymbol{\sigma} - \left[2\mathrm{i}\sin^2\left(\frac{\Delta t}{2}\right)\frac{\boldsymbol{\psi}\times\hat{z}}{2}\right]\cdot\boldsymbol{\sigma}$$

$$= \left[\cos^2\left(\frac{\Delta t}{2}\right) - \sin^2\left(\frac{\Delta t}{2}\right)\right]\boldsymbol{I} - \left[2\mathrm{i}\sin\left(\frac{\Delta t}{2}\right)\cos\left(\frac{\Delta t}{2}\right)\frac{(2\alpha\beta,0,(\alpha^2-\beta^2))+(0,0,1)}{2}\right]\cdot\boldsymbol{\sigma} - \left[2\mathrm{i}\sin^2\left(\frac{\Delta t}{2}\right)\frac{(2\alpha\beta,0,(\alpha^2-\beta^2))\times(0,0,1)}{2}\right]\cdot\boldsymbol{\sigma}.$$

第6章 量子搜索算法的阅读辅导与习题练习

$$(X,Y,Z) - \left[2i\sin^2\left(\frac{\Delta t}{2}\right)\frac{(2\alpha\beta,0,(\alpha^2-\beta^2))\times(0,0,1)}{2}\right]\cdot(X,Y,Z)$$

$$=\left[\cos^2\left(\frac{\Delta t}{2}\right)-\sin^2\left(\frac{\Delta t}{2}\right)(\alpha^2-\beta^2)\right]I - \left[2i\sin\left(\frac{\Delta t}{2}\right)\cos\left(\frac{\Delta t}{2}\right)\frac{(2\alpha\beta,0,1+(\alpha^2-\beta^2))}{2}\right]\cdot$$

$$(X,Y,Z) - \left[2i\sin^2\left(\frac{\Delta t}{2}\right)\frac{(0,-2\alpha\beta,0)}{2}\right]\cdot(X,Y,Z)$$

$$=\left[\cos^2\left(\frac{\Delta t}{2}\right)-\sin^2\left(\frac{\Delta t}{2}\right)(\alpha^2-\beta^2)\right]I - i\sin\left(\frac{\Delta t}{2}\right)\cos\left(\frac{\Delta t}{2}\right)(2\alpha\beta,0,1+(\alpha^2-\beta^2))\cdot(X,Y,Z) -$$

$$i\sin^2\left(\frac{\Delta t}{2}\right)(0,-2\alpha\beta,0)\cdot(X,Y,Z)$$

$$=\left[\cos^2\left(\frac{\Delta t}{2}\right)-\sin^2\left(\frac{\Delta t}{2}\right)(\alpha^2-\beta^2)\right]I - i\sin\left(\frac{\Delta t}{2}\right)\cos\left(\frac{\Delta t}{2}\right)(2\alpha\beta X + [1+(\alpha^2-\beta^2)]Z) + 2\alpha\beta i\sin^2\left(\frac{\Delta t}{2}\right)Y$$

$$=\left[\cos^2\left(\frac{\Delta t}{2}\right)-\sin^2\left(\frac{\Delta t}{2}\right)(\alpha^2-\beta^2)\right]I - 2\alpha\beta i\sin\left(\frac{\Delta t}{2}\right)\cos\left(\frac{\Delta t}{2}\right)X - [1+(\alpha^2-\beta^2)]i\sin\left(\frac{\Delta t}{2}\right)\cos\left(\frac{\Delta t}{2}\right)Z -$$

$$+2\alpha\beta i\sin^2\left(\frac{\Delta t}{2}\right)Y$$

$$=\begin{bmatrix}\cos^2\left(\frac{\Delta t}{2}\right)-(\alpha^2-\beta^2)\sin^2\left(\frac{\Delta t}{2}\right) & 0 \\ 0 & \cos^2\left(\frac{\Delta t}{2}\right)-(\alpha^2-\beta^2)\sin^2\left(\frac{\Delta t}{2}\right)\end{bmatrix} -$$

$$
\begin{bmatrix} 0 & 2\alpha\beta i\sin\left(\frac{\Delta t}{2}\right)\cos\left(\frac{\Delta t}{2}\right) \\ 2\alpha\beta i\sin\left(\frac{\Delta t}{2}\right)\cos\left(\frac{\Delta t}{2}\right) & 0 \end{bmatrix} - \begin{bmatrix} [1+(\alpha^2-\beta^2)]i\sin\left(\frac{\Delta t}{2}\right)\cos\left(\frac{\Delta t}{2}\right) & 0 \\ 0 & -[1+(\alpha^2-\beta^2)]i\sin\left(\frac{\Delta t}{2}\right)\cos\left(\frac{\Delta t}{2}\right) \end{bmatrix}
$$

$$
+ \begin{bmatrix} -i2\alpha\beta i\sin^2\left(\frac{\Delta t}{2}\right) & 0 \\ 0 & i2\alpha\beta i\sin^2\left(\frac{\Delta t}{2}\right) \end{bmatrix} - \begin{bmatrix} \cos^2\left(\frac{\Delta t}{2}\right)-(\alpha^2-\beta^2)\sin^2\left(\frac{\Delta t}{2}\right) & 0 \\ 0 & \cos^2\left(\frac{\Delta t}{2}\right)-(\alpha^2-\beta^2)\sin^2\left(\frac{\Delta t}{2}\right) \end{bmatrix}
$$

$$
= \begin{bmatrix} 0 & 2\alpha\beta i\sin\left(\frac{\Delta t}{2}\right)\cos\left(\frac{\Delta t}{2}\right) \\ 2\alpha\beta i\sin\left(\frac{\Delta t}{2}\right)\cos\left(\frac{\Delta t}{2}\right) & 0 \end{bmatrix}
$$

第6章 量子搜索算法的阅读辅导与习题练习

$$\begin{bmatrix} [1+(\alpha^2-\beta^2)]i\sin\left(\frac{\Delta t}{2}\right)\cos\left(\frac{\Delta t}{2}\right) & 0 & -2\alpha\beta\sin^2\left(\frac{\Delta t}{2}\right) \\ 0 & 2\alpha\beta\sin^2\left(\frac{\Delta t}{2}\right) & 0 \\ -2\alpha\beta\sin^2\left(\frac{\Delta t}{2}\right) & 0 & -[1+(\alpha^2-\beta^2)]i\sin\left(\frac{\Delta t}{2}\right)\cos\left(\frac{\Delta t}{2}\right) \end{bmatrix} +$$

因此式(6.31)的推导结果如下：

$$=\begin{bmatrix} \cos^2\left(\frac{\Delta t}{2}\right)-(\alpha^2-\beta^2)\sin^2\left(\frac{\Delta t}{2}\right)- & 2\alpha\beta\sin^2\left(\frac{\Delta t}{2}\right)-2\alpha\beta i\sin\left(\frac{\Delta t}{2}\right)\cos\left(\frac{\Delta t}{2}\right) \\ [1+(\alpha^2-\beta^2)]i\sin\left(\frac{\Delta t}{2}\right)\cos\left(\frac{\Delta t}{2}\right) & \\ -2\alpha\beta\sin^2\left(\frac{\Delta t}{2}\right)-2\alpha\beta i\sin\left(\frac{\Delta t}{2}\right)\cos\left(\frac{\Delta t}{2}\right) & \cos^2\left(\frac{\Delta t}{2}\right)-(\alpha^2-\beta^2)\sin^2\left(\frac{\Delta t}{2}\right)+ \\ & [1+(\alpha^2-\beta^2)]i\sin\left(\frac{\Delta t}{2}\right)\cos\left(\frac{\Delta t}{2}\right) \end{bmatrix}$$

推导(2)：

$U(\Delta t)$ 的作用只在由 $|x\rangle\langle x|$ 和 $|\psi\rangle\langle\psi|$ 张成的空间上为不平凡，故我们限于该空间，并在基 $|x\rangle$、$|y\rangle$ 中讨论。其中 $|y\rangle$ 可通过由 $|x\rangle$ 和 $|\psi\rangle$ 张成的二维空间中执行 Gram-Schmidt 过程获得，并使得 $|x\rangle$ 和 $|y\rangle$ 构成该空间的标准正

交基，则 $|\psi\rangle = \alpha|x\rangle + \beta|y\rangle$，其中 α 和 β 满足 $\alpha^2 + \beta^2 = 1$。注意在这个表示中可推导出：

$$|x\rangle\langle x| = \begin{bmatrix} 1 \\ 0 \end{bmatrix}[1\ 0] = \begin{bmatrix} 1 & 0 \\ 0 & 0 \end{bmatrix} = \left(\begin{bmatrix} 1 & 0 \\ 0 & 1 \end{bmatrix} + \begin{bmatrix} 1 & 0 \\ 0 & -1 \end{bmatrix}\right)/2 = (\boldsymbol{I}+\boldsymbol{Z})/2 = (\boldsymbol{I}+\hat{z}\cdot\boldsymbol{\sigma})/2$$

$$|\psi\rangle\langle\psi| = \begin{bmatrix} \alpha \\ \beta \end{bmatrix}[\alpha\ \beta] = \begin{bmatrix} \alpha^2 & \alpha\beta \\ \alpha\beta & \beta^2 \end{bmatrix} = \begin{bmatrix} 2\alpha^2 & 2\alpha\beta \\ 2\alpha\beta & 2\beta^2 \end{bmatrix}/2$$

$$= \begin{bmatrix} (1-\beta^2)+\alpha^2 & 2\alpha\beta \\ 2\alpha\beta & (1-\alpha^2)+\beta^2 \end{bmatrix}/2$$

$$= \begin{bmatrix} 1+\alpha^2-\beta^2 & 2\alpha\beta \\ 2\alpha\beta & 1+\beta^2-\alpha^2 \end{bmatrix}/2$$

$$= \left(\begin{bmatrix} 1 & 0 \\ 0 & 1 \end{bmatrix} + \begin{bmatrix} \alpha^2-\beta^2 & 2\alpha\beta \\ 2\alpha\beta & \beta^2-\alpha^2 \end{bmatrix}\right)/2$$

$$= \left(\begin{bmatrix} 1 & 0 \\ 0 & 1 \end{bmatrix} + (2\alpha\beta)\begin{bmatrix} 0 & 1 \\ 1 & 0 \end{bmatrix} + 0\begin{bmatrix} 0 & -i \\ i & 0 \end{bmatrix} + (\alpha^2-\beta^2)\begin{bmatrix} 1 & 0 \\ 0 & -1 \end{bmatrix}\right)/2$$

$$= \left(\begin{bmatrix} 1 & 0 \\ 0 & 1 \end{bmatrix} + (2\alpha\beta, 0, (\alpha^2-\beta^2))\cdot(\boldsymbol{X},\boldsymbol{Y},\boldsymbol{Z})\right)/2$$

其中 $\hat{z} \equiv (0,0,1)$ 是沿 z 方向的单位向量，而

$$= (I + \boldsymbol{\psi} \cdot \boldsymbol{\sigma})/2$$

所以

$$U(\Delta t) \equiv \exp(-\mathrm{i}|x\rangle\langle x|\Delta t)\exp(-\mathrm{i}|\psi\rangle\langle\psi|\Delta t)$$
$$= \exp[-\mathrm{i}\Delta t(I+\hat{z}\cdot\boldsymbol{\sigma})/2]\exp[-\mathrm{i}\Delta t(I+\boldsymbol{\psi}\cdot\boldsymbol{\sigma})/2]$$
$$= \mathrm{e}^{-\mathrm{i}\frac{\Delta t}{2}(I+\hat{z}\cdot\boldsymbol{\sigma})} \mathrm{e}^{-\mathrm{i}\frac{\Delta t}{2}(I+\boldsymbol{\psi}\cdot\boldsymbol{\sigma})}$$

注:题解丛书(2)中练习 4.2 已证明:若 x 为一实数,A 为一矩阵,满足 $A^2 = I$,则有以下等式成立:

$$\exp(\mathrm{i}Ax) = \cos x I + \mathrm{i}\sin x A$$

因为

$$\hat{z} \cdot \boldsymbol{\sigma} = (0,0,1) \cdot (X,Y,Z) = 0 + 0 + Z, (\hat{z} \cdot \boldsymbol{\sigma})^2 = Z^2 = I$$

所以

$$\mathrm{e}^{-\mathrm{i}\frac{\Delta t}{2}(\hat{z}\cdot\boldsymbol{\sigma})} = \cos\left(\frac{\Delta t}{2}\right) I - \mathrm{i}\sin\left(\frac{\Delta t}{2}\right)(\hat{z}\cdot\boldsymbol{\sigma})$$

又因为

$$\boldsymbol{\psi} \cdot \boldsymbol{\sigma} = (2\alpha\beta, 0, (\alpha^2 - \beta^2)) \cdot (X,Y,Z) = 2\alpha\beta X + 0Y + (\alpha^2 - \beta^2)Z$$
$$(\boldsymbol{\psi} \cdot \boldsymbol{\sigma})^2 = (2\alpha\beta X + (\alpha^2 - \beta^2)Z)^2$$

$$= (2\alpha\beta)^2 X^2 + 2\alpha\beta(\alpha^2 - \beta^2) XZ + 2\alpha\beta(\alpha^2 - \beta^2) ZX + (\alpha^2 - \beta^2)^2 Z^2$$

$$= (2\alpha\beta)^2 I + (\alpha^2 - \beta^2)^2 I$$

$$= (\alpha^2 + \beta^2)^2 I = I$$

所以

$$e^{-i\frac{\Delta t}{2}(\psi \cdot \boldsymbol{\sigma})} = \cos\left(\frac{\Delta t}{2}\right) I - i\sin\left(\frac{\Delta t}{2}\right)(\psi \cdot \boldsymbol{\sigma})$$

则

$$e^{-i\frac{\Delta t}{2}(1+\hat{z}\cdot\boldsymbol{\sigma})}\, e^{-i\frac{\Delta t}{2}(1+\psi\cdot\boldsymbol{\sigma})} = e^{-i\frac{\Delta t}{2}I} e^{-i\frac{\Delta t}{2}(\hat{z}\cdot\boldsymbol{\sigma})} e^{-i\frac{\Delta t}{2}I} e^{-i\frac{\Delta t}{2}(\psi\cdot\boldsymbol{\sigma})}$$

$$= \left[\cos\left(\frac{\Delta t}{2}\right) I - i\sin\left(\frac{\Delta t}{2}\right)(\hat{z}\cdot\boldsymbol{\sigma})\right]\left[\cos\left(\frac{\Delta t}{2}\right) I - i\sin\left(\frac{\Delta t}{2}\right)(\psi\cdot\boldsymbol{\sigma})\right]$$

$$= \left[\cos\left(\frac{\Delta t}{2}\right) I - i\sin\left(\frac{\Delta t}{2}\right)(0,0,1)\cdot(X,Y,Z)\right]\left[\cos\left(\frac{\Delta t}{2}\right) I - i\sin\left(\frac{\Delta t}{2}\right)(2\alpha\beta,0,(\alpha^2-\beta^2))\cdot(X,Y,Z)\right]$$

$$= \left[\cos\left(\frac{\Delta t}{2}\right) I - i\sin\left(\frac{\Delta t}{2}\right) Z\right]\left[\cos\left(\frac{\Delta t}{2}\right) I - i\sin\left(\frac{\Delta t}{2}\right)(2\alpha\beta X + (\alpha^2-\beta^2)Z)\right]$$

$$= \left[\cos\left(\frac{\Delta t}{2}\right) I - i\sin\left(\frac{\Delta t}{2}\right) Z\right] \times$$

$$=\left[\cos\left(\frac{\Delta t}{2}\right)-\mathrm{isin}\left(\frac{\Delta t}{2}\right)\right]\boldsymbol{I}\left[\cos\left(\frac{\Delta t}{2}\right)\boldsymbol{I}-2\alpha\beta\mathrm{isin}\left(\frac{\Delta t}{2}\right)\boldsymbol{X}-(\alpha^2-\beta^2)\mathrm{isin}\left(\frac{\Delta t}{2}\right)\boldsymbol{Z}\right]$$

$$=\left[\cos\left(\frac{\Delta t}{2}\right)-\mathrm{isin}\left(\frac{\Delta t}{2}\right)\right]^2\begin{bmatrix}1 & 0 \\ 0 & 1\end{bmatrix}\begin{bmatrix}\cos\left(\frac{\Delta t}{2}\right)-\mathrm{isin}\left(\frac{\Delta t}{2}\right) & 0 \\ 0 & \cos\left(\frac{\Delta t}{2}\right)+\mathrm{isin}\left(\frac{\Delta t}{2}\right)\end{bmatrix}\times$$

$$\begin{bmatrix}\cos\left(\frac{\Delta t}{2}\right)-(\alpha^2-\beta^2)\mathrm{isin}\left(\frac{\Delta t}{2}\right) & -2\alpha\beta\mathrm{isin}\left(\frac{\Delta t}{2}\right) \\ -2\alpha\beta\mathrm{isin}\left(\frac{\Delta t}{2}\right) & \cos\left(\frac{\Delta t}{2}\right)+(\alpha^2-\beta^2)\mathrm{isin}\left(\frac{\Delta t}{2}\right)\end{bmatrix}$$

$$=\left[\cos\left(\frac{\Delta t}{2}\right)-\mathrm{isin}\left(\frac{\Delta t}{2}\right)\right]^2\begin{bmatrix}1 & 0 \\ 0 & 1\end{bmatrix}\begin{bmatrix}\cos^2\left(\frac{\Delta t}{2}\right)-(\alpha^2-\beta^2)\sin^2\left(\frac{\Delta t}{2}\right)- & -2\alpha\beta\sin^2\left(\frac{\Delta t}{2}\right)- \\ [1+(\alpha^2-\beta^2)]\mathrm{isin}\left(\frac{\Delta t}{2}\right)\cos\left(\frac{\Delta t}{2}\right) & 2\alpha\beta\mathrm{isin}\left(\frac{\Delta t}{2}\right)\cos\left(\frac{\Delta t}{2}\right) \\ 2\alpha\beta\sin^2\left(\frac{\Delta t}{2}\right)-2\alpha\beta\mathrm{isin}\left(\frac{\Delta t}{2}\right)\cos\left(\frac{\Delta t}{2}\right) & \cos^2\left(\frac{\Delta t}{2}\right)-(\alpha^2-\beta^2)\sin^2\left(\frac{\Delta t}{2}\right)+ \\ & [1+(\alpha^2-\beta^2)]\mathrm{isin}\left(\frac{\Delta t}{2}\right)\cos\left(\frac{\Delta t}{2}\right)\end{bmatrix}$$

比较推导(1)和推导(2)的结果，式 $\boldsymbol{U}(\Delta t)\equiv\exp(-\mathrm{i}|x\rangle\langle x|\Delta t)\exp(-\mathrm{i}|\psi\rangle\langle\psi|\Delta t)$ 的推导结果与式(6.31)的推导结果除了一个全局相位因子 $\left[\cos\left(\frac{\Delta t}{2}\right)-\mathrm{isin}\left(\frac{\Delta t}{2}\right)\right]^2$ 外，它们均等价以下算子：

$$\begin{bmatrix} \cos^2\left(\dfrac{\Delta t}{2}\right) - (\alpha^2-\beta^2)\sin^2\left(\dfrac{\Delta t}{2}\right) - & -2\alpha\beta\sin^2\left(\dfrac{\Delta t}{2}\right) - 2\alpha\beta i\sin\left(\dfrac{\Delta t}{2}\right)\cos\left(\dfrac{\Delta t}{2}\right) \\ [1+(\alpha^2-\beta^2)]i\sin\left(\dfrac{\Delta t}{2}\right)\cos\left(\dfrac{\Delta t}{2}\right) & \\ 2\alpha\beta\sin^2\left(\dfrac{\Delta t}{2}\right) - 2\alpha\beta i\sin\left(\dfrac{\Delta t}{2}\right)\cos\left(\dfrac{\Delta t}{2}\right) & \cos^2\left(\dfrac{\Delta t}{2}\right) - (\alpha^2-\beta^2)\sin^2\left(\dfrac{\Delta t}{2}\right) + \\ & [1+(\alpha^2-\beta^2)]i\sin\left(\dfrac{\Delta t}{2}\right)\cos\left(\dfrac{\Delta t}{2}\right) \end{bmatrix}$$

另一种推导 $U(\Delta t) \equiv \exp(-i|x\rangle\langle x|\Delta t)\exp(-i|\psi\rangle\langle\psi|\Delta t)$ 的思路或方法还可以利用习题解从书(2)中第4章的相关内容与结论。因为 $U(\Delta t) \equiv \exp(-i|x\rangle\langle x|\Delta t)\exp(-i|\psi\rangle\langle\psi|\Delta t)$ 可以看作是两个单量子比特运算的组合,可视为 Bloch 球面上绕轴 $\hat{n}_1=(0,0,1)$ 旋转 β_1 角和绕轴 $\hat{n}_2=(2\alpha\beta,0,(\alpha^2-\beta^2))$ 旋转 β_2 角的组合。于是直接利用以下公式

$$R_{\hat{n}}(\theta) \equiv \exp(-i\theta\hat{n}\cdot\boldsymbol{\sigma}/2) = \cos\left(\frac{\theta}{2}\right)\boldsymbol{I} - i\sin\left(\frac{\theta}{2}\right)(n_x\boldsymbol{X} + n_y\boldsymbol{Y} + n_z\boldsymbol{Z})$$

求解即可。例如

$$\boldsymbol{R}_{\hat{n}_2}(\beta_2)\boldsymbol{R}_{\hat{n}_1}(\beta_1) = \left[\cos\left(\frac{\beta_2}{2}\right)\boldsymbol{I} - i\sin\left(\frac{\beta_2}{2}\right)(n_{2x}\boldsymbol{X} + n_{2y}\boldsymbol{Y} + n_{2z}\boldsymbol{Z})\right]\left[\cos\left(\frac{\beta_1}{2}\right)\boldsymbol{I} - i\sin\left(\frac{\beta_1}{2}\right)(n_{1x}\boldsymbol{X} + n_{1y}\boldsymbol{Y} + n_{1z}\boldsymbol{Z})\right]$$

简单运算即可得到相关结果,且 $\beta_2 = \beta_1 = \Delta t$。

阅读内容

式(6.31)蕴含 $U(\Delta t)$ 是 Bloch 球面上绕

$$r = \cos\left(\frac{\Delta t}{2}\right)\frac{\psi + \hat{z}}{2} + \sin\left(\frac{\Delta t}{2}\right)\frac{\psi \times \hat{z}}{2} \tag{6.32}$$

的一个旋转,且转过的角 θ 为:

$$\cos\left(\frac{\theta}{2}\right) = \cos^2\left(\frac{\Delta t}{2}\right) - \sin^2\left(\frac{\Delta t}{2}\right)\psi \cdot \hat{z} \tag{6.33}$$

且将 $\psi \cdot \hat{z} = \alpha^2 - \beta^2 = (2/N - 1)$ 代入,上式可简化为:

$$\cos\left(\frac{\theta}{2}\right) = 1 - \frac{2}{N}\sin^2\left(\frac{\Delta t}{2}\right) \tag{6.34}$$

注意到 $\psi \cdot r = \hat{z} \cdot r$,故 $|\psi\rangle\langle\psi|$ 和 $|x\rangle\langle x|$ 在 Bloch 球面上绕轴 r 的同一圆上。总之,$U(\Delta t)$ 的作用是绕轴 r 旋转 $|\psi\rangle\langle\psi|$,如图 6-15 所示,每次转过一个角 θ。当 $|\psi\rangle\langle\psi|$ 进行了足够多的旋转接近 $|x\rangle\langle x|$ 时,我们就停下来。因为我们考虑的是量子仿真,所以我们假想 Δt 非常小,但式(6.34)表明,为使 θ 最大化,该做的聪明选择是取 $\Delta t = \pi$。如果这样做,那么就有 $\cos(\theta/2) = 1 - 2/N$,对于大的 N 相应地 $\theta \approx 4/\sqrt{N}$,找到解 $|x\rangle$ 需调用 oracle 的次数为 $O(\sqrt{N})$,正像原始的量子搜索算法那样。

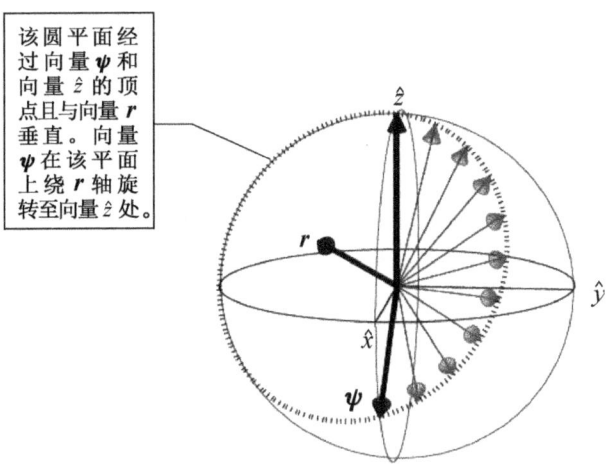

图 6-15 初态 ψ 绕 r 旋转到最终 $\hat{z}$ 的 Bloch 球面图

显然在量子搜索算法的量子仿真中使用的算子为:

$$U(\Delta t) \equiv \exp(-i|x\rangle\langle x|\Delta t)\exp(-i|\psi\rangle\langle\psi|\Delta t)$$

如果取仿真时间步长 $\Delta t = \pi$,那么

$$\exp(-i|\psi\rangle\langle\psi|\Delta t) = \exp(-i\pi|\psi\rangle\langle\psi|) = I - 2|\psi\rangle\langle\psi|$$

$$\exp(-i|x\rangle\langle x|\Delta t) = \exp(-i\pi|x\rangle\langle x|) = I - 2|x\rangle\langle x|$$

两者除了一个不重要的全局相位因子,它们等同于构成 Grover 迭代的步骤。

练习 6.10 证明通过适当选取 Δt,可以得到用 $O(\sqrt{N})$ 次调用的量子搜索算法,并且最终状态恰好是 $|x\rangle$,算法成功概率为 1,而不是以小概率成功。

证明:已知 $U(\Delta t)$ 是 Bloch 球面上绕

$$r = \cos\left(\frac{\Delta t}{2}\right)\frac{\psi + \hat{z}}{2} + \sin\left(\frac{\Delta t}{2}\right)\frac{\psi \times \hat{z}}{2}$$

的一个旋转,且转过的角 θ 为:

$$\cos\left(\frac{\theta}{2}\right) = \cos^2\left(\frac{\Delta t}{2}\right) - \sin^2\left(\frac{\Delta t}{2}\right)\psi \cdot \hat{z}$$

已知 $\psi = (2\alpha\beta, 0, (\alpha^2 - \beta^2))$,$\hat{z} \equiv (0, 0, 1)$,$\sigma \equiv (X, Y, Z)$,且 $|\psi\rangle \equiv \alpha|x\rangle + \beta|y\rangle$,其中 α 和 β 满足 $\alpha^2 + \beta^2 = 1$,为了使观测时间不依赖于 $|\psi\rangle$ 在 $|x\rangle$ 方向的分量 α,故选择 α 对所有的 $|x\rangle$ 相同,把 $|\psi\rangle$ 选为均匀叠加态式:

$$|\psi\rangle = \frac{\sum_{x}|x\rangle}{\sqrt{N}}$$

即选择对所有的 x 都有 $\alpha = 1/\sqrt{N}$,于是:

$$\psi \cdot \hat{z} = (2\alpha\beta, 0, (\alpha^2 - \beta^2))(0, 0, 1) = \alpha^2 - \beta^2 = 2\alpha^2 - 1 = 2/N - 1$$

因此可以将 $\cos(\theta/2)$ 化简为:

$$\cos\left(\frac{\theta}{2}\right) = \cos^2\left(\frac{\Delta t}{2}\right) - \sin^2\left(\frac{\Delta t}{2}\right) \boldsymbol{\psi} \cdot \hat{z}$$

$$= \cos^2\left(\frac{\Delta t}{2}\right) - \sin^2\left(\frac{\Delta t}{2}\right)\left(\frac{2}{N} - 1\right) = 1 - \frac{2}{N}\sin^2\left(\frac{\Delta t}{2}\right)$$

显然选择取 $\Delta t = \pi$,则有:

$$\cos\left(\frac{\theta}{2}\right) = 1 - \frac{2}{N}$$

由三角函数半角公式

$$\cos\left(\frac{\theta}{2}\right) = \pm\sqrt{\frac{1+\cos\theta}{2}}$$

得:

$$\cos\theta = 2\cos^2\left(\frac{\theta}{2}\right) - 1 = 2\left(1 - \frac{2}{N}\right)^2 - 1 = 1 - \frac{8}{N} + \frac{8}{N^2} \xrightarrow{\text{对于大的}N} \approx 1 - \frac{8}{N}$$

又因为 $\cos\theta$ 的幂级数展开式为:

$$\cos\theta = 1 - \frac{\theta^2}{2!} + \frac{\theta^4}{4!} - \cdots$$

所以有:

$$\frac{\theta^2}{2!} \approx \frac{8}{N} \Rightarrow \theta^2 \approx \frac{16}{N} \Rightarrow \theta \approx \frac{4}{\sqrt{N}}$$

因此对于大的 N,相应地 $\theta \approx 4/\sqrt{N}$。

G 是 $|x\rangle$ 和 $|y\rangle$ 定义的二维空间中的一个旋转,根据式(6.35),连续应用 G,把状态 $|\psi\rangle$ 变为 $|x\rangle$:

$$G^k|\psi\rangle = \cos\left(\frac{3k+1}{2}\theta\right)|x\rangle + \sin\left(\frac{3k+1}{2}\theta\right)|y\rangle \qquad (6.35)$$

此时应满足:

$$\frac{2k+1}{2}\theta \Rightarrow \frac{2k+1}{2}\frac{4}{\sqrt{N}} = \pi$$

则有：

$$k = \frac{\pi}{4}\sqrt{N} - \frac{1}{2}$$

显然找到解 $|x\rangle$ 需调用 oracle 的次数为 $O(\sqrt{N})$ 数量级，并且最终状态恰好是 $|x\rangle$，算法成功概率为 1，而不是以小概率成功，正像原始的量子搜索算法那样。

练习 6.11 （连续量子搜索的多重解）猜测一个 Hamilton 量用以解有 M 个解的连续时间搜索问题。

解：略

练习 6.12 （量子搜索的不同 Hamilton 量）设

$$H = |x\rangle\langle\psi| + |\psi\rangle\langle x|$$

（1）给定按 Hamilton 量的 H 演化，证明从状态 $|\psi\rangle$ 到状态 $|x\rangle$ 用 $O(1)$ 次旋转。

（2）说明如何进行 Hamilton 量 H 的量子仿真，并确定以高概率得到解该仿真技术需要的 oracle 调用次数。

解：设 $|\psi\rangle = \alpha|x\rangle + \beta|y\rangle$，其中 α 和 β 满足 $\alpha^2 + \beta^2 = 1$。注意在这个表示中

$$|x\rangle\langle\psi| = \begin{bmatrix}1\\0\end{bmatrix}\begin{bmatrix}\alpha & \beta\end{bmatrix} = \begin{bmatrix}\alpha & \beta\\0 & 0\end{bmatrix} = \alpha\begin{bmatrix}1 & 0\\0 & 0\end{bmatrix} + \beta\begin{bmatrix}0 & 1\\0 & 0\end{bmatrix}$$

$$|\psi\rangle\langle x| = \begin{bmatrix}\alpha\\\beta\end{bmatrix}\begin{bmatrix}1 & 0\end{bmatrix} = \begin{bmatrix}\alpha & 0\\\beta & 0\end{bmatrix} = \alpha\begin{bmatrix}1 & 0\\0 & 0\end{bmatrix} + \beta\begin{bmatrix}0 & 0\\1 & 0\end{bmatrix}$$

$$H = |x\rangle\langle\psi| + |\psi\rangle\langle x| = 2\alpha\begin{bmatrix}1 & 0\\ 0 & 0\end{bmatrix} + \beta\begin{bmatrix}0 & 1\\ 1 & 0\end{bmatrix} = 2\alpha\begin{bmatrix}1 & 0\\ 0 & 0\end{bmatrix} + \beta X$$

$$= 2\alpha(I+Z)/2 + \beta X = \alpha(I+Z) + \beta X = \alpha I + \alpha Z + \beta X$$

$$\exp(-iHt)|\psi\rangle = \exp[-i(\alpha I + \alpha Z + \beta X)t]|\psi\rangle$$
$$= \exp(-i\alpha t)I\exp(-it)(\alpha Z + \beta X)|\psi\rangle$$
$$= \exp(-i\alpha t)I\exp[-i(\alpha Z + \beta X)t]|\psi\rangle$$

因为 $(\alpha Z + \beta X)^2 = I$，所以

$$\exp(-iHt)|\psi\rangle = \exp(-i\alpha t)[\cos t\, I - i\sin t(\alpha Z + \beta X)]|\psi\rangle$$
$$= \exp(-i\alpha t)[\cos t|\psi\rangle - i\sin t(\alpha Z + \beta X)|\psi\rangle]$$
$$= \exp(-i\alpha t)[\cos t|\psi\rangle - i\sin t(\alpha Z + \beta X)(\alpha|x\rangle + \beta|y\rangle)]$$

因为

$$(\alpha Z + \beta X)(\alpha|x\rangle + \beta|y\rangle) = \begin{bmatrix}\alpha & 0\\ 0 & -\alpha\end{bmatrix}\begin{bmatrix}\alpha\\ \beta\end{bmatrix} + \begin{bmatrix}0 & \beta\\ \beta & 0\end{bmatrix}\begin{bmatrix}\alpha\\ \beta\end{bmatrix}$$
$$= \begin{bmatrix}\alpha^2\\ -\alpha\beta\end{bmatrix} + \begin{bmatrix}\beta^2\\ \alpha\beta\end{bmatrix} = \begin{bmatrix}\alpha^2 + \beta^2\\ 0\end{bmatrix} = \begin{bmatrix}1\\ 0\end{bmatrix} = |x\rangle$$

所以

$$\exp(-iHt)|\psi\rangle = \exp(-i\alpha t)[\cos t|\psi\rangle - i\sin t|x\rangle]$$

此处全局相位因子 $\exp(-i\alpha t)$ 可以忽略，显然经过 t 时间后，系统的状态为

$$\cos t|\psi\rangle - i\sin t|x\rangle$$

于是在 $t = \pi/2$ 时刻，对系统的观测将以概率 1 产生结果 $|x\rangle$。

(1) 状态 $|\psi\rangle$ 到状态 $|x\rangle$ 的旋转次数：$N = \alpha + \beta$，$M = \alpha$，因此旋转 $\arccos\sqrt{\alpha/(\alpha+\beta)}$ 弧度后，系统进入 $|x\rangle$ 状态。令 $\text{CI}(x)$ 为最接近实数 x 的整数，则状态从 $|\psi\rangle$ 到状态 $|x\rangle$ 的旋转次数为 R 次，显然为常数次 $O(1)$ 旋转。

$$R = \text{CI}\left[\frac{\arccos\sqrt{\alpha/(\alpha+\beta)}}{\pi/2}\right] = \text{CI}\left[\frac{2\arccos\sqrt{\alpha/(\alpha+\beta)}}{\pi}\right]$$

（2）确定以高概率得到解该仿真技术需要的 oracle 调用次数为：$R = O(\sqrt{\alpha/(\alpha+\beta)})$。

6.3 量子计数

阅读内容

在事先未知的情况下，多快可以确定 N 元搜索问题的解数 M？显然在经典计算机上需要 $\Theta(N)$ 次对 oracle 的调用来确定 M，而在量子计算机上有可能通过把 Grover 迭代和基于量子 Fourier 变换的相位估计技术结合，以比经典计算机快得多的方式估计解的数目。这有一些重要的应用。首先，如果我们能够很快估计解的数目，那么就可能很快找到一个解，即使解的数目未知，也可通过对解进行计数，再应用量子搜索算法找到一个解。其次，量子计数使我们能根据解数是否为 0 来判定解是否存在。这方面的应用如 NP 完全问题的解，NP 完全问题可以重新表述为搜索问题解的存在性。

练习 6.13 考虑计数问题的一个经典算法。该算法在搜索空间中均匀独立地进行 k 次采样，令 $X_1, \cdots, X_k$ 为 oracle 调用的结果，即当第 j 个调用显示为问题的一个解时，$X_j = 1$，而当第 j 个调用没有显示为问题的一个解时，$X_j = 0$。这个算法给出搜索问题解的数量的估计值

$$S \equiv N \times \sum_j X_j / k$$

证明 S 的标准偏差为

$$\Delta S = \sqrt{M(N-M)/k}$$

> 证明对于搜索问题解的数量 M 的所有值，为了能够以精度 $\sqrt{M}$ 获得 M 的估计值，且获得的概率大于等于 $3/4$，我们必须有 $k=\Omega(\sqrt{N})$。
>
> 原文：Prove that to obtain a probability at least 3/4 of estimating M correctly to within an accuracy $\sqrt{M}$ for all values of M we must have $k=\Omega(N)$.
>
> 注：题解的计算结果：S 的标准偏差为 $\Delta S=\sqrt{M(N-M)}/k$，则 $k=\Omega(\sqrt{N})$。原题有误？

证明：假设搜索问题的空间有 N 个元素，解的数量为 M，显然 $M \leqslant N(M \ll N)$。根据题意，算法在搜索空间 N 中均匀独立地进行 k 次采样，假设 k 次采样中，第 j 次采样 $X_j=1$，即，此次采样对应的 oracle 调用的结果为问题的一个解。

分析：在 k 次采样中，能够获得 $X_i=1, i \in \{1,2,\cdots,k\}$ 的样本，该样本为问题的一个解，假设 k 次采样中获得 $X_i=1, i \in \{1,2,\cdots,k\}$ 的样本数为 j，那么理论上 $j/k \propto S/N$，其中 S 为搜索问题解的数量的估计值，以下推导成立：

$$\frac{j}{k} \propto \frac{S}{N} \Rightarrow kS \approx jN \Rightarrow S \approx \frac{jN}{k} \Rightarrow N\frac{j}{k} = N \times \sum_j X_j/k$$

（1）证明 S 的标准偏差为：

$$\Delta S = \sqrt{M(N-M)}/k$$

随机变量 S 的数学期望为：

$$E(S) = E\left(N \times \sum_j X_j/k\right) = \frac{N}{k}\sum_j X_j p(X_j)$$

$$= \frac{N}{k}\sum_j X_j \frac{1}{N} \xrightarrow{\text{假设}k\text{个样本中有}m\text{个}X_j=1} \frac{m}{k}$$

随机变量 S 的方差为：

$$\mathrm{Var}(S) \equiv E[S-E(S)]^2 = E(S^2) - [E(S)]^2$$
$$= E\left[\left(\frac{N}{k}\right)^2 \sum_j X_j^2\right] - \left(\frac{m}{k}\right)^2 = \left(\frac{N}{k}\right)^2 \sum_j X_j^2 p(X_j) - \left(\frac{m}{k}\right)^2$$
$$= \left(\frac{N}{k}\right)^2 \frac{m}{N} - \left(\frac{m}{k}\right)^2 = \frac{mN}{k^2} - \frac{m^2}{k^2} = \frac{m(N-m)}{k^2}$$

随机变量 S 的标准偏差为：

$$\Delta S = \sqrt{\mathrm{Var}(S)} = \frac{\sqrt{m(N-m)}}{k}$$

(2) 证明要获得大于等于 $3/4$ 概率，以精度 $\sqrt{M}$ 对所有的 M 估计 M，我们必须有 $k = \Omega(N)$。利用切贝谢夫不等式，对任意给定的正数 ε，有：

$$P(|S-E(S)| < \varepsilon) \geqslant 1 - \frac{(\Delta S)^2}{\varepsilon^2}$$

根据题意，取 $\varepsilon = \sqrt{M}$，则有：

$$P(|S-E(S)| < \sqrt{M}) \geqslant 1 - \frac{(\Delta S)^2}{(\sqrt{M})^2} = 1 - \frac{M(N-M)}{k^2 M} \geqslant \frac{3}{4}$$

$$\frac{1}{4} \geqslant \frac{(N-M)}{k^2} \Rightarrow k^2 \geqslant 4(N-M)$$

因为 $N \gg M$ 且 $k > 0$，所以

$$k^2 \geqslant 4N \Rightarrow k \geqslant 2\sqrt{N}$$

即 $k = \Omega(\sqrt{N})$。

注："$f(n)$ 是 $\Omega(g(n))$ 的"表示 $g(n)$ 是 $f(n)$ 的一个下界，即存在常数 c 和 n_0，使得对任意的 $n > n_0$，有 $cg(n) \leqslant f(n)$ 成立。

练习 6.14 证明对于某些常数 c 和 M 的所有值，任何概率大于等于 $3/4$ 的经典计数算法都必须进行 $\Omega(N)$ 次 oracle 调用，用于将 M 值的正确估计精确到 $c\sqrt{M}$ 精度以内。

第6章 量子搜索算法的阅读辅导与习题练习

> **原文**：Prove that any classical counting algorithm with a probability at least 3/4 for estimating M correctly to within an accuracy $c\sqrt{M}$ for some constant c and for all values of M must make $\Omega(N)$ oracle calls.
>
> **注**：利用练习6.13的结果应该是：经典计数算法都必须进行 $\Omega(\sqrt{N})$ 次 oracle 调用？

证明：根据题意，由切贝谢夫不等式

$$P\left(\left|N\sum_j X_j/k - M\right| < c\sqrt{M}\right) \geqslant \frac{3}{4}$$

得：

$$-c\sqrt{M} \leqslant N\sum_j X_j/k - M \leqslant c\sqrt{M}$$

$$M - c\sqrt{M} \leqslant \frac{N}{k}\sum_j X_j \leqslant M + c\sqrt{M}$$

$$\frac{M - c\sqrt{M}}{N}k \leqslant \sum_j X_j \leqslant \frac{M + c\sqrt{M}}{N}k$$

$$P\left(\frac{M - c\sqrt{M}}{N}k \leqslant \sum_j X_j \leqslant \frac{M + c\sqrt{M}}{N}k\right) \geqslant \frac{3}{4}$$

即该算法在搜索空间中均匀独立地进行 k 次采样，要想得到以不小于 3/4 的概率且精度为 $c\sqrt{M}$ 对所有 M 的正确估计值，练习6.13的结论是：该算法必须进行 $\Omega(\sqrt{N})$ 次 oracle 调用。其中，c 必须满足 $\sqrt{M} \leqslant c$，因为

$$\left|N\sum_j X_j/k - M\right|^2 \leqslant (c\sqrt{M})^2$$

$$\left(\frac{N}{k}\right)^2 \left(\sum_j X_j\right)^2 - 2M\frac{N}{k}\left(\sum_j X_j\right) + M^2 - c^2 M \leqslant 0$$

$$\sum_j X_j = \frac{2M\frac{N}{k} \pm \sqrt{\left(2M\frac{N}{k}\right)^2 - 4\left(\frac{N}{k}\right)^2(M^2 - c^2 M)}}{2\left(\frac{N}{k}\right)^2}$$

$$= \frac{k(M \pm c\sqrt{M})}{N} \leqslant 0$$

$$\Rightarrow k(M \pm c\sqrt{M}) \leqslant 0$$

$$\Rightarrow kM \pm ck\sqrt{M} \leqslant 0$$

$$\Rightarrow kM \leqslant ck\sqrt{M}$$

$$\Rightarrow M \leqslant c\sqrt{M}$$

$$\Rightarrow \sqrt{M} \leqslant c$$

即当 $c = \sqrt{M}$ 时,有:

$$0 \leqslant \sum_j X_j \leqslant \left\lceil 2k\frac{M}{N} \right\rceil$$

其中 $\left\lceil 2k\frac{M}{N} \right\rceil$ 为大于 $2k\frac{M}{N}$ 的最小整数,此时可以将 M 的正确估计精确到 $c\sqrt{M}$ 精度以内。

阅读内容

量子计数是第 5 章相位估计的过程,在估计 Grover 迭代 G 的特征值上的应用,这个估计使我们能够确定搜索问题解的个数 M。设 $|a\rangle$ 和 $|b\rangle$ 是 $|\alpha\rangle$ 和 $|\beta\rangle$ 张成的空间中 Grover 迭代的两个特征向量,令 θ 是 Grover 迭代所确定的旋转角,由

$$G = \begin{bmatrix} \cos\theta & -\sin\theta \\ \sin\theta & \cos\theta \end{bmatrix}$$

可以看到相应的特征值是 $e^{i\theta}$ 和 $e^{i(2\pi-\theta)}$。为了分析方便,假设 oracle 搜索空间的规模被扩大到 $2N$,并保证 $\sin^2(\theta/2) = M/(2N)$。

用于量子计数的相位估计线路如图 6-16 所示,该线路的功能是以至少 $1-\varepsilon$ 的成功概率估计 θ 到 m 比特精度。如每个相位估计算法,第一寄存器包含 $t \equiv m+\lceil \log(2+1/2\varepsilon) \rceil$ 量子比特,第二寄存器包含 $n+1$ 量子比特,足以实现在扩充的搜索空间中的 Grover 迭代。

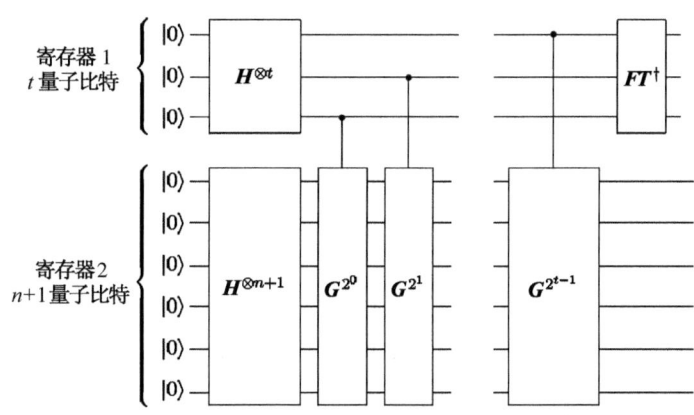

图 6-16 量子计算机上进行近似量子计数的线路

6.6 搜索算法的最优性

阅读内容

我们证明了量子计算机仅仅通过调用 oracle $O(\sqrt{N})$ 次,就能够搜索 N 项数据集。现在要证明没有任何一个量子算法能够以少于 $\Omega(\sqrt{N})$ 次 oracle 调用完成此项任务,因此所给出的算法是最优的。

假设算法从状态 $|\psi\rangle$ 出发,为了简单起见,对搜索问题有唯一解的情况,我们证明 x 下界。为确定 x,我们被允许使用一个对解 x 产生 -1 项移,而保持其他状态不变的 oracle O_x,$O_x = I - 2|x\rangle\langle x|$。我们假设算法从 $|\psi\rangle$ 开始,且恰好应用 k 次 oracle O_x,并在 oracle 运算之间穿插酉运算 $U_1, U_2, \cdots, U_k$。定义:

$$|\psi_k^x\rangle \equiv U_k O_x U_{k-1} O_x \cdots U_1 O_x |\psi\rangle$$

$$|\psi_k\rangle \equiv U_k U_{k-1} \cdots U_1 |\psi\rangle$$

即 $|\psi_k\rangle$ 是在没有 oracle 运算的条件下，执行系列酉运算 $U_1, U_2, \cdots, U_k$ 导致的状态。令 $|\psi_0\rangle = |\psi\rangle$，我们的目的是估计量 D_k：

$$D_k \equiv \sum_x \|\psi_k^x - \psi_k\|^2$$

其中为简化记号，用 ψ 代替 $|\psi\rangle$。直观上，D_k 是对经过 oracle 作用 k 步以后，偏差的一个度量。如果这个量很小，那么所有 $|\psi_k^x\rangle$ 大致相同，并且不可能以高的概率正确识别 x。证明的技巧在于说明两件事：(1) D_k 的一个估界，表明它的增长不可能快于 $O(k^2)$；(2) 证明为能够区分 N 个不同项，D_k 必须是 $\Omega(N)$ 的。把这两个结果结合起来就得到期望的下界估计。

首先给出 $D_k \leqslant 4k^2$ 的归纳证明。显然，这对 $k=0$ 成立，其中 $D_k=0$。注意到：

$$D_{k+1} = \sum_x \|O_x \psi_k^x - \psi_k\|^2$$

$$= \sum_x \|O_x(\psi_k^x - \psi_k) + (O_x - I)\psi_k\|^2$$

运用不等式 $\|b+c\|^2 \leqslant \|b\|^2 + 2\|b\|\|c\| + \|c\|^2$，其中 $b \equiv O_x(\psi_k^x - \psi_k)$ 且 $c \equiv (O_x - I)\psi_k = -2\langle x|\psi_k\rangle|x\rangle$，得：

$$D_{k+1} \leqslant \sum_x (\|\psi_k^x - \psi_k\|^2 + 4\|\psi_k^x - \psi_k\||\langle x|\psi_k\rangle| + 4|\langle \psi_k|x\rangle|^2)$$

对右边第二项运用 Cauchy-Schwarz 不等式，并且由 $\sum_x |\langle x|\psi_k\rangle|^2 = 1$，得：

$$D_{k+1} \leqslant D_k + 4\left(\sum_x \|\psi_k^x - \psi_k\|^2\right)^{\frac{1}{2}} \left(\sum_{x'} |\langle \psi_k|x'\rangle|^2\right)^{\frac{1}{2}} + 4$$

$$\leqslant D_k + 4\sqrt{D_k} + 4$$

根据归纳法假设 $D_k \leqslant 4k^2$，可得：

$$D_{k+1} \leqslant 4k^2 + 8k + 4 = 4(k+1)^2$$

归纳完成。

为完整证明,需要证明只有当 D_k 是 $\Omega(N)$ 时,成功的概率才是高的。我们假设对所有的 x 有 $|\langle x|\psi_k^x\rangle|^2 \geqslant 1/2$,于是一次观测得到解的概率至少是 $1/2$。用 $e^{i\theta}|x\rangle$ 代替 $|x\rangle$,不改变成功的概率,所以不失一般性假设 $\langle x|\psi_k^x\rangle = |\langle x|\psi_k^x\rangle|$,可得:

$$\|\psi_k^x - x\|^2 = 2 - 2|\langle x|\psi_k^x\rangle| \leqslant 2 - \sqrt{2}$$

定义 $E_k \equiv \sum_x \|\psi_k^x - x\|^2$,可以看到 $E_k \leqslant (2-\sqrt{2})N$。现在来证明 D_k 是 $\Omega(N)$ 的。定义 $F_k \equiv \sum_x \|x - \psi_k\|^2$,则有:

$$D_k = \sum_x \|(\psi_k^x - x) + (x - \psi_k)\|^2$$

$$\geqslant \sum_x \|\psi_k^x - x\|^2 - 2\sum_x \|\psi_k^x - x\|\|x - \psi_k\| + \sum_x \|x - \psi_k\|^2$$

$$= E_k + F_k - 2\sum_x \|\psi_k^x - x\|\|x - \psi_k\|$$

应用 Cauchy-Schwarz 不等式,得到 $\sum_x \|\psi_k^x - x\|\|x - \psi_k\| \leqslant \sqrt{E_k F_k}$,于是有:

$$D_k \geqslant E_k + F_k - 2\sqrt{E_k F_k} = (\sqrt{F_k} - \sqrt{E_k})^2$$

在练习 6.15 中,将证明 $F_k \geqslant 2N - 2\sqrt{N}$。这个结果与 $E_k \leqslant (2-\sqrt{2})N$ 结合,对充分大的 N,给出 $D_k \geqslant cN$,其中 c 是任何小于 $(\sqrt{2} - \sqrt{2-\sqrt{2}})^2 \approx 0.42$ 的常数。因为 $D_k \leqslant 4k^2$,这便意味着:

$$k \geqslant \sqrt{cN/4}$$

总之,为以至少 $1/2$ 的概率找到搜索问题的一个解,我们必须调用 oracle 至少 $\Omega(\sqrt{N})$ 次。

练习 6.15 利用 Cauchy-Schwarz 不等式，证明对任何归一化状态向量 $|\psi\rangle$ 和一组有 N 个向量的标准正交基向量 $|x\rangle$，有

$$\sum_x \|\psi - x\|^2 \geqslant 2N - 2\sqrt{N}$$

证明：注：Cauchy-Schwarz 不等式的两种常见形式：

分量形式不等式，$|(\alpha,\beta)| \leqslant \|\alpha\|\|\beta\|$，当且仅当 α 与 β 线性相关时等号成立：

$$(a_1 b_1 + \cdots + a_n b_n)^2 \leqslant (a_1^2 + \cdots + a_n^2)(b_1^2 + \cdots + b_n^2)$$

积分不等式，$f(x), g(x) \in C[a,b]$：

$$\left[\int_a^b f(x)g(x)\mathrm{d}x\right]^2 \leqslant \int_a^b f^2(x)\mathrm{d}x \int_a^b g^2(x)\mathrm{d}x$$

根据题意，得搜索 N 项数据集，归一化状态向量 $|\psi\rangle$：$\|\psi\|^2 = 1$，N 个向量的标准正交基 $|x\rangle$：$\|x\|^2 = 1$，则：

$$\sum_x \|\psi - x\|^2 = \sum_x (\|\psi\|^2 - 2\|\psi\|\|x\| + \|x\|^2)$$

$$= \sum_x \|\psi\|^2 - 2\sum_x \|\psi\|\|x\| + \sum_x \|x\|^2$$

$$= 2N - 2\sum_x \|\psi\|\|x\|$$

$$= 2N - 2\|\psi\|\sum_x \|x\|$$

根据 Cauchy-Schwarz 不等式，得：

$$0 \leqslant \sum_x \|\psi\|\|x\| = \|\psi\|\sum_x \|x\| \leqslant \sqrt{\|\psi\|^2 \sum_x \|x\|^2} = \sqrt{N}$$

所以

$$\sum_x \|\psi - x\|^2 \geqslant 2N - 2\sqrt{N}$$

即证明了 $F_k \geqslant 2N - 2\sqrt{N}$ 成立。进一步，应用 Cauchy-Schwarz 不等式，得到 $\sum_x \|\psi_k^x - x\| \|x - \psi_k\| \leqslant \sqrt{E_k F_k}$，于是有：

$$D_k \geqslant E_k + F_k - 2\sqrt{E_k F_k} = (\sqrt{F_k} - \sqrt{E_k})^2$$

采用 $F_k \geqslant 2N - 2\sqrt{N}$ 与 $E_k \leqslant (2-\sqrt{2})N$ 对 D_k 进行估算，并注意对于充分大的 N，有：

$$\begin{aligned} D_k &\geqslant (\sqrt{F_k} - \sqrt{E_k})^2 \geqslant \left[\sqrt{2N - 2\sqrt{N}} - \sqrt{(2-\sqrt{2})N}\right]^2 \\ &\geqslant \left[\sqrt{2N} - \sqrt{(2-\sqrt{2})N}\right]^2 = 2N + (2-\sqrt{2})N - 2\sqrt{2N}\sqrt{(2-\sqrt{2})N} \\ &= 2N + (2-\sqrt{2})N - 2\sqrt{2}\sqrt{2-\sqrt{2}}\,N \\ &= \left[2 + (2-\sqrt{2}) - 2\sqrt{2}\sqrt{2-\sqrt{2}}\right]N = (\sqrt{2} - \sqrt{2-\sqrt{2}})^2 N \end{aligned}$$

取 c 是任何小于 $(\sqrt{2} - \sqrt{2-\sqrt{2}})^2$ 的常数，所以有 $D_k \geqslant cN$，其中 $c \approx 0.42$。因为 $D_k \leqslant 4k^2$，这便意味着：

$$k \geqslant \sqrt{D_k/4} \geqslant \sqrt{cN/4} \Rightarrow \Omega(\sqrt{N})$$

总之，为以至少 $1/2$ 的概率找到搜索问题的一个解，我们必须调用 oracle 至少 $\Omega(\sqrt{N})$ 次。

练习 6.16 设对所有可能值 x 的均匀平均而不是对 x 的所有值，要求差错的概率小于 $1/2$，证明 $O(\sqrt{N})$ 次 oracle 调用对解搜索问题仍是必需的。

证明：根据题意，得搜索 N 项数据集，归一化状态向量 $|\psi\rangle$：$\||\psi\rangle\|^2 = 1$，N 个向量的标准正交基 $|x\rangle$：$\||x\rangle\|^2 = 1$。

设所有可能值 x 的均匀平均为 $y = \sum_x x/N$，则：

$$D_k = \sum_x \|\psi_k^x - \psi_k\|^2 = \sum_x \|(\psi_k^x - y) + (y - \psi_k)\|^2$$
$$\geqslant \sum_x \|\psi_k^x - y\|^2 - 2\sum_x \|\psi_k^x - y\|\|y - \psi_k\| + \sum_x \|y - \psi_k\|^2$$

因为

$$\|\psi_k^x - y\|^2 = (\langle \psi_k^x | - \langle y |)(|\psi_k^x\rangle - |y\rangle)$$
$$= \langle \psi_k^x | \psi_k^x \rangle + \langle y | y \rangle - \langle \psi_k^x | y \rangle - \langle y | \psi_k^x \rangle$$
$$= \left| 1 + \left\langle \frac{\sum_x x}{N} \middle| \frac{\sum_x x}{N} \right\rangle - 2\left|\left\langle \psi_k^x \middle| \frac{\sum_x x}{N} \right\rangle\right| \right|$$

根据题意,要求差错的概率小于 $1/2$,也就是成功的概率大于 $1/2$,即 $\left|\left\langle \psi_k^x \middle| \frac{\sum_x x}{N} \right\rangle\right|^2 \geqslant 1/2$,则:

$$\|\psi_k^x - y\|^2 = \left| 1 + \frac{1}{N^2}(\langle x_1 | + \langle x_2 | + \cdots + \langle x_N |)(|x_N\rangle + \cdots + |x_2\rangle + |x_1\rangle) - \right.$$
$$\left. 2\left|\left\langle \psi_k^x \middle| \left(\frac{|x_N\rangle + \cdots + |x_2\rangle + |x_1\rangle}{N}\right)\right\rangle\right| \right|$$
$$= \left| 1 + \frac{1}{N^2}\sum_{i=1}^{N} \langle x_i | x_i \rangle - \frac{2}{N}\sum_{i=1}^{N} |\langle \psi_k^x | x_i \rangle| \right|$$
$$\leqslant \left| 1 + \frac{1}{N} - \frac{2}{N}\left(\sqrt{\frac{1}{2}} N\right) \right| = \left| 1 + \frac{1}{N} - \sqrt{2} \right|$$

定义 $E_k \equiv \sum_x \|\psi_k^x - y\|^2$,则:

$$E_k \equiv \sum_x \|\psi_k^x - y\|^2 \leqslant \sum_{i=1}^{N} \left| 1 + \frac{1}{N} - \sqrt{2} \right|$$
$$= \left|\left(1 + \frac{1}{N} - \sqrt{2}\right)N\right| = |N + 1 - \sqrt{2}N|$$

可以看到 $E_k \leqslant |N+1-\sqrt{2}N|$。

再定义 $F_k \equiv \sum\limits_{x} \|y-\psi_k\|^2$，则：

$$\sum_{i=1}^{N} \|\psi_k - y\|^2 = \sum_{i=1}^{N} (\|\psi_k\|^2 - 2\|\psi_k\|\|y\| + \|y\|^2)$$

$$= \sum_{i=1}^{N} \|\psi_k\|^2 - 2\sum_{i=1}^{N} \|\psi_k\|\|y\| + \sum_{i=1}^{N} \left\|\frac{\sum\limits_{x} x}{N}\right\|^2$$

$$= N - 2\sum_{i=1}^{N} \|\psi_k\|\|y\| + \frac{1}{N^2} \sum_{x} \sum_{i=1}^{N} \langle x_i | x_i \rangle$$

$$= N + 1 - 2\sum_{i=1}^{N} \|\psi_k\|\|y\|$$

因为

$$0 \leqslant \sum_{i=1}^{N} \|\psi_k\|\|y\| \leqslant \sqrt{\|\psi_k\|^2 \sum_{i=1}^{N} \|y\|^2} = \sqrt{\sum_{i=1}^{N} \left\|\frac{\sum\limits_{x} x}{N}\right\|^2}$$

$$\leqslant \frac{1}{N} \sqrt{\sum_{i=1}^{N} \|x_i\|^2} = \frac{1}{N}\sqrt{N} = \frac{1}{\sqrt{N}}$$

所以

$$\sum_{x} \|\psi_k - y\|^2 \geqslant \left| N + 1 - 2\frac{1}{\sqrt{N}} \right|$$

则 D_k 的表达式可以简化为：

$$D_k = \sum_{x} \|\psi_k^x - \psi_k\|^2 = \sum_{x} \|(\psi_k^x - y) + (y - \psi_k)\|^2$$

$$\geqslant \sum_{x} \|\psi_k^x - y\|^2 - 2\sum_{x} \|\psi_k^x - y\|\|y - \psi_k\| + \sum_{x} \|y - \psi_k\|^2$$

$$= E_k + F_k - 2\sum_{i=1}^{N} \|\psi_k^x - y\|\|y - \psi_k\|$$

则应用 Cauchy-Schwarz 不等式计算 $\sum\limits_{i=1}^{N} \|\psi_k^x - y\|\|y - \psi_k\|$，得到：

$$\sum_x \|\psi_k^x - y\| \|y - \psi_k\| \leq \sqrt{\left(\sum_x \|\psi_k^x - y\|^2\right)\left(\sum_x \|y - \psi_k\|^2\right)} = \sqrt{E_k F_k}$$

因为 $E_k \leq |N+1-\sqrt{2N}|$，$F_k = \sum_x \|\psi_k - y\|^2 \geq |N+1-2/\sqrt{N}|$，所以

$$D_k \geq E_k + F_k - 2\sqrt{E_k F_k} = (\sqrt{F_k} - \sqrt{E_k})^2$$

当 N 很大时，$2/\sqrt{N}$ 可以忽略，则：

$$(\sqrt{F_k} - \sqrt{E_k})^2 = (\sqrt{N+1-2/\sqrt{N}} - \sqrt{N+1-\sqrt{2N}})^2$$

$$\approx [\sqrt{N} - \sqrt{(\sqrt{2}-1)N}]^2$$

$$= N - 2\sqrt{N}\sqrt{(\sqrt{2}-1)N} + (\sqrt{2}-1)N$$

$$= [\sqrt{2} - 2\sqrt{(\sqrt{2}-1)}]N$$

取 $c \approx 0.127$，因为 $D_k \leq 4k^2$，这便意味着：

$$k \geq \sqrt{D_k/4} \geq \sqrt{cN/4} \Rightarrow \Omega(\sqrt{N})$$

显然取 x 的均匀平均为 $y = \sum_x x/N$ 的估值更加精确。

> **练习 6.17** （对多重解的最优性）假设搜索问题有 M 个解，证明为找到一个解需要 $O(\sqrt{N/M})$ 次 oracle 调用。

解：略

6.7 黑箱算法的极限

阅读内容

本章以量子搜索算法的推广工作结束，此算法可以估计量子计算能力。我们把搜索问题描述为求一个 n 比特整数 x，使得函数 $f:\{0,1\}^n \to \{0,1\}$ 的值等于 $f(x) = 1$。与此相关的问题是：判定是否存在 x 使得 $f(x) = 1$。解这个

判定问题具有相当的难度,该问题可表示为计算 Boolean 函数 $F(X)=X_0 \vee \cdots \vee X_{N-1}$,其中 $\vee$ 表示二元"或"的运算(OR),$X_k \equiv f(k)$,X 表示集合 $\{X_0, X_1, \cdots, X_{N-1}\}$。更一般地,我们或许希望计算除了或(OR)以外的其他函数。例如 $F(X)$ 可以是与(AND),奇偶校验(PARITY,模 2 和),或多数函数(MAJORITY)[当且仅当 $X_k=1$ 的个数大于 1,$F(X)=1$]。一般而言,我们可以把 F 看成任意 Boolean 函数。给定计算的黑箱,一台不管是经典的还是量子的计算机,能够多快地计算这些函数?

多项式方法基于表示 Boolean 函数的最小阶(实)多线性、多项式的性质。我们考虑的所有多项式是 $X_k \in \{0,1\}$ 的函数,且因为 $X_k^2 = X_k$,所以是多线性的。我们举一个多项式 $p: \mathbf{R}^N \to \mathbf{R}$ 表示 F,如果 $p(X)=F(X)$ 对所有 $X \in \{0,1\}^N$ 成立(这里 $\mathbf{R}$ 表示实数集)。这样的多项式总是存在的,因为可以具体构造出一个合适的候选多项式:

$$p(X) = \sum_{Y \in \{0,1\}^N} F(Y) \prod_{k=0}^{N-1} [1-(Y_k-X_k)^2]$$

p 的最小阶是唯一的。F 的这样一个表示的最小阶记作 $\deg(F)$,它是 F 复杂性的一个有用的度量。

一个 n 元的布尔函数 $f(x)=f(x_1,x_2,\cdots,x_n)$ 是 F_2^n 到 F_2 的一个映射。由于 F_2^n 含有 2^n 个元素,故 F_2^n 上的布尔函数共有 2^{2^n} 个。

练习 6.18 证明 Boolean 函数 $f(X)$ 的最小多项式表示是唯一的。

证明:Boolean 函数 $f(X)$ 的最小多项式表示由它的真值表唯一确定,故 $f(X)$ 的最小多项式表示是唯一的。$f(X)$ 是它取值为 1 的那些真值指派的对应的小项函数之和。

函数 $f:\{0,1\}^n \to \{0,1\}$ 称为 Boolean 函数。Boolean 函数的四种特殊情况:

恒等函数:$f(x)=x$,比特翻转函数:$f(x)=1 \oplus x$,恒等于 0 的函数:

$f(x)=x \wedge 0=0$,恒等于 1 的函数：$f(x)=x \vee 1=1$。

布尔函数可以有多种表示方法，常用的表示方法有：真值表方法，小项表示方法和代数正规型表示方法。

其中代数正规型表示方法又称为布尔函数的代数范式：任意布尔函数可以唯一地写成积（AND）之和（XOR）的形式，称作布尔函数的代数范式（ANF），也叫做 Zhegalkin 多项式。例如：

$$
\begin{aligned}
f(x_1,x_2,\cdots,x_n) = & a_0 + a_1 x_1 + a_2 x_2 + \cdots + a_n x_n + \\
& a_{12} x_1 x_2 + a_{13} x_1 x_3 + \cdots + a_{23} x_2 x_3 + \\
& \cdots + a_{n-1,n} x_{n-1} x_n + a_{123} x_1 x_2 x_3 + \cdots + \\
& a_{124} x_1 x_2 x_4 + \cdots + a_{n-2,n-1,n} x_{n-2} x_{n-1} x_n + \\
& \cdots + a_{12\cdots n} x_1 x_2 \cdots x_n \\
= & a_0 + \sum_{i=1}^n a_i x_i + \sum_{1 \leqslant i<j \leqslant n} a_{ij} x_i x_j + \sum_{1 \leqslant i<j<k \leqslant n} a_{ijk} x_i x_j x_k + \cdots + \\
& \sum_{1 \leqslant i_1<i_2<\cdots<i_d \leqslant n} a_{i_1 i_2 \cdots i_d} x_{i_1} x_{i_2} \cdots x_{i_d} + a_{12\cdots n} x_1 x_2 \cdots x_n \\
= & \sum_{r=1}^n \sum_{1 \leqslant i_1<i_2<\cdots<i_r \leqslant n} a_{i_1 i_2 \cdots i_r} x_{i_1} x_{i_2} \cdots x_{i_r}
\end{aligned}
$$

其中多项式的自变量和系数均满足：$x_1,x_2,\cdots,x_n$ 和 $a_0,a_1,\cdots,a_{12\cdots n} \in \{0,1\}$。

布尔函数的小项表示：

$$
\begin{aligned}
f(x_1,x_2,\cdots,x_n) &= \sum_{a_i \in F_2} f(a_1,a_2,\cdots,a_n)(x_1+a_1+1) \cdot \\
& \quad (x_2+a_2+1)\cdots(x_n+a_n+1) \\
&= \sum_{a_i \in F_2} f(a_1,a_2,\cdots,a_n) x_1^{a_1} x_2^{a_2} \cdots x_n^{a_n}
\end{aligned}
$$

其中 $x_i^{a_i} = x_i + a_i + 1$。

由以上的定义可以分析得出以下三个结论：

第6章 量子搜索算法的阅读辅导与习题练习

1. 序列 $a_0, a_1, \cdots, a_{12\cdots n}$ 的值可以唯一地表示一个布尔函数。

2. 布尔函数的代数次数可以被定义为出现在乘积项中的 $x_1, x_2, \cdots, x_n$ 乘积的最高次数。

例如：布尔函数 $f(x_1, x_2, x_3) = x_1 + x_3$ 的代数范式的次数为 1，$f(x_1, x_2, x_3) = x_1 + x_1 x_2 x_3$ 的代数范式的次数为 3。

3. 每个布尔函数 $f(x_1, x_2, x_3)$ 都有其唯一的代数范式（ANF），且只有四个函数和一个参数：$f(x) = 0, f(x) = 1, f(x) = x, f(x) = 1 + x$。

根据以上规则，如果要表示有多个参数的布尔函数，可以使用如下递归等式：

$$f(x_1, x_2, \cdots, x_n) = g(x_2, \cdots, x_n) + x_1 h(x_2, \cdots, x_n)$$
$$g(x_2, \cdots, x_n) = f(0, x_2, \cdots, x_n)$$
$$h(x_2, \cdots, x_n) = f(0, x_2, \cdots, x_n) + f(1, x_2, \cdots, x_n)$$

其中，如果 $x_1 = 0$，那么 $x_1 h = 0, f(x_1, x_2, \cdots, x_n) = f(0, x_2, \cdots, x_n)$；如果 $x_1 = 1$，那么 $x_1 h = h, f(x_1, x_2, \cdots, x_n) = f(0, x_2, \cdots, x_n) + f(0, x_2, \cdots, x_n) + f(1, x_2, \cdots, x_n)$。

因为 g 和 h 两者都比 f 少一个参数，所以可以递归使用该计算过程，直到 f 成为只有一个变量的函数（四种情况），我们就可以获得一个布尔函数的唯一代数范式（ANF）。

例题1 让我们构造一个逻辑或的 ANF：$f(x, y) = x \vee y$。

首先套用公式：$f(x, y) = f(0, y) + x(f(0, y) + f(1, y))$，因为 $f(0, y) = 0 \vee y = y, f(1, y) = 1 \vee y = 1$，所以 $f(x, y) = y + x(y + 1)$，去括号最终得到的 ANF 为：

$$f(x, y) = x + y + xy \quad （模2加法）$$

练习 6.19 证明 $P(X) = 1 - (1 - X_0)(1 - X_1) \cdots (1 - X_{N-1})$ 表示 OR（或运算）。

证明：基于离散数学谓词演算，设 D 是个体域，$P: D^n \to \{T, F\}$ 是一个映射，其中 T 为真，F 为假，

$$D^n = \{(x_1, x_2, \cdots, x_N) \mid x_1, x_2, \cdots, x_N \in D \equiv \{0, 1\}\}$$

则称 P 是一个 n 元谓词，记为 $P(x_1, x_2, \cdots, x_N)$，其中 $x_1, x_2, \cdots, x_N$ 为个体。

根据题意，谓词 $P: D^n \to \{T, F\}$，在 D^n 上存在一个 n 比特整数 $X :: \{X_0, X_1, \cdots, X_{N-1}\}$，显然 $|X| = 2^n$。谓词 $P(X) = P(X_0, X_1, \cdots, X_{N-1})$ 表示估计量子计算的能力，即判定是否存在 X 使得 $P(X) = 1$。显然仅当 $(X_0, X_1, \cdots, X_{N-1}) = (0, 0, \cdots, 0)$ 时，$P(X) = 0$；而当 $(X_0, X_1, \cdots, X_{N-1}) \neq (0, 0, \cdots, 0)$ 时，即当且仅当 $X_i = 1$ 的个数大于等于 1 时，$P(X) = 1$，因此

$$(\exists X) P(X) = (\exists X)[1 - (1 - X_0)(1 - X_1) \cdots (1 - X_{N-1})]$$
$$= (\exists X)[1 \land (1 - X_0) \land (1 - X_1) \land \cdots \land (1 - X_{N-1})]$$
$$= (\forall X)[0 \lor \neg(1 - X_0) \lor \neg(1 - X_1) \lor \cdots \lor \neg(1 - X_{N-1})]$$
$$= (\forall X)[F \lor \neg(1 - X_0) \lor \neg(1 - X_1) \lor \cdots \lor \neg(1 - X_{N-1})]$$

或根据题意，函数 $P: \{0, 1\}^n \to \{0, 1\}$ 存在一个 n 比特整数 $X :: \{X_0, X_1, \cdots, X_{N-1}\}$，$X_k \in \{0, 1\}$，集合 $\{X_0, X_1, \cdots, X_{N-1}\}$ 中共有 2^n 个元素。当 $(x_0, x_1, \cdots, x_{N-1}) = (0, 0, \cdots, 0)$ 时，函数的值 $P(X) = 0$；而当 $(x_0, x_1, \cdots, x_{N-1}) \neq (0, 0, \cdots, 0)$ 时，$P(X) = 1$，即当且仅当 $X_k = 1$ 的个数大于等于 1 时，$P(X) = 1$。令 $F(X) = (1 - X_0)(1 - X_1) \cdots (1 - X_{N-1})$，则：

$$F(X) = \begin{cases} 1 & (x_0, x_1, \cdots, x_{N-1}) = (0, 0, \cdots, 0) \\ 0 & (x_0, x_1, \cdots, x_{N-1}) \neq (0, 0, \cdots, 0) \end{cases}$$

$$P(X) = 1 - F(X) = \begin{cases} 0 & (x_0, x_1, \cdots, x_{N-1}) = (0, 0, \cdots, 0) \\ 1 & (x_0, x_1, \cdots, x_{N-1}) \neq (0, 0, \cdots, 0) \end{cases}$$

因此

第 6 章 量子搜索算法的阅读辅导与习题练习

$$P(X) = \neg F(X) = \neg[(1-X_0)(1-X_1)\cdots(1-X_{N-1})]$$
$$= \neg[(1-X_0) \wedge (1-X_1) \wedge \cdots \wedge (1-X_{N-1})]$$
$$= \neg(1-X_0) \vee \neg(1-X_1) \vee \cdots \vee \neg(1-X_{N-1})$$

练习 6.20 通过构造多项式表示一个量子线路的输出 OR 函数,来证明 $Q_0(\text{OR}) \geqslant N$,其中线路计算 OR 的误差为 0。

解: 略

问题 1 （求最小） 设 $x_1, x_2, \cdots, x_N$ 是存储在内存中的数字数据库,如图 6-17 所述,证明量子计算机只需要对内存进行 $O(\sqrt{N}\log N)$ 次访问,就可以找到列表中最小的元素,概率至少为 $1/2$。

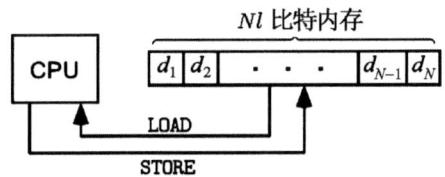

图 6-17 在由独立的中央处理单元(CPU)和内存组成的计算机上进行经典数据库搜索
(若在内存上只能直接执行两种操作——一个内存元素可以被 LOAD 到 CPU 中,或者 CPU 中的一项目可以被 STORE 在内存中)

问题 2 （推广的量子搜索） 令 $|\psi\rangle$ 是一个量子状态,且定义 $U_{|\psi\rangle} \equiv I - 2|\psi\rangle\langle\psi|$,即 $U_{|\psi\rangle}$ 对于状态 $|\psi\rangle$ 给出 -1 相位,而保持正交于 $|\psi\rangle$ 的状态不变。

(1) 设我们有实现酉算子 U 的量子线路,使得 $U|\psi\rangle^{\otimes n} = |\psi\rangle$,说明如何实现 $U_{|\psi\rangle}$。

(2) 令 $|\psi_1\rangle = |1\rangle$,$|\psi_2\rangle = (|0\rangle - |1\rangle)/\sqrt{2}$,$|\psi_2\rangle = (|0\rangle - \mathrm{i}|1\rangle)/\sqrt{2}$。设从集合 $U_{|\psi_1\rangle}, U_{|\psi_2\rangle}, U_{|\psi_3\rangle}$ 中选择一个未知的 oracle O。给出一个量子算法,通过 oracle 的一次使用,就将其识别出来(提示:考虑超级编码)。

(3) 研究:更一般地,给定 k 个状态 $|\psi_1\rangle, |\psi_2\rangle, \cdots, |\psi_k\rangle$,和一个从 $U_{|\psi_1\rangle}$,

$U_{|\psi_2\rangle}, \cdots, U_{|\psi_k\rangle}$ 中选出的 oracle O，为了以高概率识别该 oracle 需要应用 oracle 多少次？

问题 3 （数据获取） 给定一个量子 oracle，它对 n 量子比特输入（及一个工作量子比特）$|k, y\rangle$，返回 $|k, y \oplus X_k\rangle$，证明仅用 $N/2 + \sqrt{N}$ 次调用，就可以高的概率获得 X 的全部 $N = 2^n$ 个比特，这意味着对任意 F 有一般的上界 $Q_2(F) \leqslant N/2 + \sqrt{N}$。

问题 4 （量子搜索与密码系统） 量子搜索具有加速搜索密码系统密钥的潜在用途。其思想是为了解密，遍历可能密钥的整个空间，依次尝试密钥，并检查被解密的信息是否"有意义"。请解释为什么这个想法不适用于 Vernma 密码，而它什么时候可适用 DES 等密码系统？